青藏高原冬季降雪异常成因研究

申红艳 等　著

内容简介

本书以气象站点观测资料为基础，利用高分辨率全球陆面观测资料和再分析资料，分析多源高分辨率降水资料对刻画青藏高原不同尺度降水变化特征的适用性，为开展高原气候变化研究提供参考依据。探讨青藏高原冬季降雪年际变化特征及其环流异常配置，阐明高原冬季降水的大气内部动力过程，在此基础上，进一步探究热带海温对高原冬季降雪的影响，分析热带印度洋和太平洋海温异常对青藏高原前冬降雪的独立和共同作用途径，并利用数值模式模拟验证。最后，利用当前国内外主流气候业务模式，评估季节气候模式对高原冬季降水的预测性能，探讨其可预报性来源。

本书有助于科学认识青藏高原冬季降雪异常特征及成因，可供从事高原气候和气候变化的业务科研人员和大专院校相关专业师生参考。

图书在版编目（CIP）数据

青藏高原冬季降雪异常成因研究 / 申红艳等著. -- 北京 : 气象出版社, 2023.12
ISBN 978-7-5029-8090-0

Ⅰ. ①青… Ⅱ. ①申… Ⅲ. ①青藏高原—冬季—雪—气候异常—研究 Ⅳ. ①P426.63

中国国家版本馆CIP数据核字(2023)第211714号

青藏高原冬季降雪异常成因研究
Qingzang Gaoyuan Dongji Jiangxue Yichang Chengyin Yanjiu

出版发行：气象出版社
地　　址：北京市海淀区中关村南大街 46 号　　**邮政编码**：100081
电　　话：010-68407112（总编室）　010-68408042（发行部）
网　　址：http://www.qxcbs.com　　**E-mail**：qxcbs@cma.gov.cn
责任编辑：林雨晨　　**终　　审**：张　斌
责任校对：张硕杰　　**责任技编**：赵相宁
封面设计：楠竹文化
印　　刷：北京建宏印刷有限公司
开　　本：787 mm×1092 mm　1/16　　**印　　张**：7
字　　数：179 千字
版　　次：2023 年 12 月第 1 版　　**印　　次**：2023 年 12 月第 1 次印刷
定　　价：68.00 元

《青藏高原冬季降雪异常成因研究》编委会

主　编：申红艳

编　委（按姓氏笔画排序）：

王晓娟　冯晓莉　李万志　李红梅

余　迪　娄盼星　温婷婷

前言

青藏高原位于我国西南部，平均海拔 4000 m 以上，为典型高山高原气候，降雪是大气中水汽凝结而成的固态降水，是该地区最活跃的自然过程之一，冬季高原雪灾频发，易对畜牧业生产、交通运输、公众健康等带来影响。青藏高原地理位置独特、地形复杂，同时受西风带、东亚和南亚季风系统共同影响，气候变化成因较复杂。本书围绕高原冬季降雪异常成因这一主题，采用统计学分析、气候动力学诊断方法，从大气内部变率的角度系统分析影响高原冬季降雪年际异常的主要环流特征。在此基础上，发现高原前冬降雪异常对热带海温具有显著响应，进一步探讨热带印度洋偶极子（IOD）和厄尔尼诺-南方涛动（ENSO）不同配置下降雪异常响应的物理过程，并通过数值模式进行模拟验证；针对 2018 年高原降雪异常典型年，从环流和水汽输送异常等方面分析其成因，并结合海温异常特征进一步验证 IOD 和 ENSO 对前冬降雪异常的共同作用；最后，利用海气耦合模式来评估对高原前冬降雪异常的预测性能，分析降雪预报技巧对海温异常的响应，探究可预报性来源。

本书通过分析发现，高原前冬降雪年际变化对热带海温具有显著响应，这点不同于整个冬季和后冬，为今后开展青藏高原气候年际预测提供新的视角和方向。结合气候诊断和数值模拟的方式分析和验证了 IOD 和 ENSO 对高原前冬降雪的独立和共同作用，发现 IOD 起到更主导的作用，揭示其在激发欧亚遥相关波列和调节低纬水汽输送的单独和叠加效应，明确西风带水汽和低纬度水汽输送对高原冬季降雪贡献的主次关系，建立高原前冬降雪成因的物理概念模型，为开展气候变暖背景下高原冬季雪灾预测提供参考依据。此外，通过评估多模式对高原降水异常的模拟能力和技巧，发现降水预测技巧与热带海温季内演变具有较好的联系，同时揭示模式预测性能较好原因在于较准确模拟出热带海温影响高原前冬降雪的物理过程，这为提升和改进模式对区域气候预测能力提供一定的思路。

全书共分为 6 章，第 1 章绪论，由申红艳编写，第 2 章资料方法和模式介绍，由申红艳编写；第 3 章多源降水资料在高原地区的适用性分析，由申红艳、温婷婷、娄盼星编写；第 4 章青藏高原冬季降雪变化特征及相关环流，由申红艳、冯晓莉、李红梅、余迪编写；第5章青藏高原前冬降雪异常成因研究，由申红艳、王晓娟编写；第6章多模式对高原前冬降水预测能力评估，由申红艳、温婷婷、李万志编写。全文由申红艳、温婷婷负责统稿。

本书出版得到青海省科技厅基础研究项目（2021-ZJ-757）、国家自然科学基金项目（42065003）和陕西省科技厅自然科学基础研究计划项目（2023-JC-YB-252）共同资助。

编者

2022年10月

目录

第1章 绪 论

1.1 引言

近些年来，全球气候增暖对社会经济发展、人类活动、粮食安全、生态环境等各个方面都造成严重威胁，由此引发一系列问题引起各国科学家广泛关注，气候变化已是国家制定重要方针政策重点考量的前提和基础，因而开展气候研究具有重要且深远意义。根据联合国政府间气候变化专门委员会(Intergovernmental Panel on Climate Change，IPCC)第六次评估报告(The sixth Assessment Report，AR6)显示，与工业革命时期(1850—1900年)相比，21世纪前20年(2001—2020年)全球地表气温升高0.99 ℃，且陆地增温幅度(1.59 ℃)高于海洋(0.88 ℃)(IPCC，2021)。高海拔地区对全球气候增暖的响应相比其他陆地表面更加敏感(Beniston et al.，1997；Qinet al.，2009；Rangwala and Miller，2012)，青藏高原作为全球气候变化的敏感区，正以0.44 ℃/(10 a)的增温速率成为全球气候变暖最显著的区域(Duan and Xiao，2015)，明显高于全球陆地增温速度(0.3 ℃/(10 a))。

青藏高原平均海拔超过4000 m，约占对流层厚度的四分之一，是世界上海拔最高的高原，被称为“世界屋脊”和“第三极”，南起喜马拉雅山脉南缘，北至昆仑山、阿尔金山脉和祁连山北缘，西部为帕米尔高原和喀喇昆仑山脉，东及东北部与秦岭山脉西段和黄土高原相接。青藏高原是我国重要的江河流域发源地，境内湖泊、河流众多，长江、黄河、澜沧江发源于此，是东亚和东南亚主要河流的上游地区(Qin et al.，2010)，澜沧江在下游发展为东南亚的母亲河——湄公河，其流域居民约占东南亚四国人口的三分之一。青藏高原以高海拔的独特地形为冰川累积提供了重要的条件和场所，使其成为欧亚大陆东南部最大的冰川区(李宗省 等，2010；Li Z et al.，2011)，境内湖泊面积和冰川储存分别占中国总量的52%和80%，故青藏高原还有“亚洲水塔”之称(徐祥德 等，2008)。随着气候急剧增暖，冰川急速消融，高原冻土不断融化，冰川消融所产生的融水形成了众多高山湖，因此，高原地表和地下水资源异常丰富。全球气温每上升1 ℃，大气水汽增加约7%，会导致极端降水增加(IPCC，2021)。可见，气候增暖会加速高原地区的水汽循环，极端气候事件发生概率和强度随之增加，对当地高寒生态系统及下游地区的生态环境产生直接影响，因而有必要加强对高原气候变化的认识和研究。

从喜马拉雅山南侧的常绿林到北部的荒漠草原、高山冰雪带，青藏高原地形地貌复杂，自然带垂直差异显著，植被分布不均匀、种类繁多，这种下垫面特征，使其成为气候变化的敏感区和生态环境脆弱区。在气候增暖背景下，高原极端气候事件频发，加之人类活动的影响，给高原地区生态环境造成很大破坏，以致该地区生态环境异常脆弱，曾一度出现草地退化、土地沙漠化、水土流失、湖泊萎缩及湿地退化等生态环境恶化的现象，给生态保护和建设带来很大压力。降水是气候系统中能量、水循环及动力循环的重要组成部分，是认识气候变化和开展气候研究的一个重要指标。降水作为影响高原地区自然生态系统最活跃、最直接的气候因子，对生态环境具有显著影响，其异常变化极大程度决定生态环境的发展，对高原草地、森林、湿地生态系统、区域水分平衡和水资源及利用等方面具有十分重要影响。

1.2 国内外研究回顾

1.2.1 降水数据的适用性分析回顾

中国地形地貌复杂，气象观测站点时空分布不均匀，导致台站观测数据在时间和空间上的代表性有限，如中国西部地区、山区或高海拔等地形复杂的区域，中国山区面积占全国总面积的三分之二，但气象站点分布远少于平原地带，高海拔地区气象站点更是稀疏，现有观测站点的降水资料无法准确描述山区降水变化特征。高分辨率降水数据集近些年的快速发展可有效弥补这一不足，为研究复杂地形下的区域气候变化提供有用的信息(胡增运 等，2013)。但在使用前需和实际观测资料进行对比分析，比如来自全球气候预测中心所研制的美国国家海洋大气局(NOAA)气候预测中心(Climate Prediction Center，CPC)的降水资料，虽然水平分辨率较高，但是这套数据用到的中国气象站点数量偏少，因此，对于高海拔等有着复杂地形的区域，降水的时空分布结构会有不同程度的影响(Shen and Xiong，2016)。再分析降水资料是在接近真实的环流强迫场的情况下，根据数值模式模拟计算并输出的，它在时间和空间上都具有连续性，因而广泛应用在气候研究中。但由于再分析资料是通过数据同化和模式预估获得的，所以其不确定性一部分来源于模式的参数化方案，另一部分是由模式地形与真实地形的差异所引起(Zhao and Fu，2006；Ma et al.，2009)。不同的数据同化技术和数值模式应用到不同的再分析资料中，因此，对不同时间尺度的降水过程模拟能力存在差异，模式对环流的模拟偏差会给降水带来误差，例如，西太平洋副热带高压位置和强度、高低空急流位置的差异，环流的偏差会直接影响水汽输送路径和强度，从而引起雨带位置的偏移，最终导致降水模拟的偏差。另一部分也来自模式参数化方案所引起的偏差，因为参数化方案是对真实物理过程经简化得来，难免会产生如凝结降水的水汽阈值偏差、局地对流活动触发条件偏差，对降水过程的发生和降水强度产生影响(李建 等，2010；谢潇 等，2011)。还有特殊下垫面特征，如积雪、冰川、冻土、特殊植被等，陆面过程参数化方案能否准确描述这些自然现象的物理过程，也是影响模拟结果的重要因素。李建等(2010)指出，部分降水偏差与模式分辨率、植被等下边界强迫场的不准确描述有关。还有模式中的地形高度同实际气象站的海拔高度也会存在差异，高原上气象站点稀疏，参与国际交换的站点非常有限，实际进入同化系统的观测记录相对较少，同化系统中的模式地形和真实地形的差异，而使一些地面观测被舍弃(谢爱红 等，2007)。

胡增运等(2013)对比了气象观测站点降水和三套再分析资料(MERRA2、ERA-Interim和CFSR)后发现，海拔上升至1000 m以上，模拟精度会随着海拔的升高而降低。在气象站点稀少、地形复杂的中国西部地区再分析资料和实测之间的偏差明显(谢潇 等，2011)。如ERA-40、NCEP1和NCEP2再分析资料的夏季高度场与观测结果差异明显(赵天保和符淙斌，2006)。NCEP、JRA-25和ERA-40降水模拟在高原地区有很强的正偏差，不同资料得到的结论也不同，ERA-40 最大降水出现在高原西南部，同实测的大值区出现在东南部不相符，NCEP 的最大降水中心出现在高原东部和西南地区，也同样存在一定偏差。ERA-Interim 和 NCEP1 对青藏高原降水与观测结果在年际和年代际特征上较为一致，但明显高估该地区降水量级，但又低估这里的升温趋势(Song et al.，2016)。Tong 等(2014)利用 ERA-40 和 ERA-Interim 两套再分析资料对比青藏高原降水特征的刻画能力，结果表明 ERA-Interim 在年际、年循环特征上与气象观测的对应关系都优于 ERA-40，但与观测数值相比降水数值还是明显高估了 74%～290%。

降水有着复杂的时空变化特征，加之海拔、地形的影响，高原地区降水变化的不确定性更大，这在观测资料和再分析资料中均有所反映。再分析系统中的观测资料和模式参数化方案、数据同化方法及模式对地形的刻画都会影响再分析系统的降水模拟。因此，有必要对当前最新的高分辨降水资料集针对高海拔或复杂地形下开展系统性评估，分析产生偏差的可能原因，不断改进和完善同化或参数化方案等，在刻画复杂地形下的气候变化特征方面得到更进一步发展。

1.2.2　青藏高原降雪研究进展

青藏高原受东亚季风、南亚季风和西风带环流的共同影响，是全球气候变化最敏感区域之一(徐祥德 等，2006)。青藏高原不仅地形特殊，气候背景更是复杂，受南亚季风和东亚季风影响，同时受西风带和高原季风的控制。由于横断山脉南北向的地势有利于水汽沿河谷长驱北上，暖湿气流以此为通道更易输送进入中国西南部，为高原地区输送水汽，易形成降水。青藏高原降水对地表径流、淡水供应、江河流量、冰川形成、冻土变化、高寒草地生态系统、生物多样性等都具有直接的影响。

作为气候变化敏感区，青藏高原气候变化受到广泛专注，但对于高原降水变化的结论存在很多差异，一是因为高原稀疏的气象观测站网和复杂的地形地貌，二是因为青藏高原大气可降水量虽在增加，但由于气候显著增暖导致蒸发增强(Zhang et al.，2013)。亚洲地表增暖在高低纬地区的差异性，引起地表风速减弱，随着青藏高原显热减少，其上空的热力强迫减弱。在蒸发增加和热力强迫减弱的共同影响下，受季风影响的青藏高原南部和东部降水减少(Yang et al，2014)。因此，自 20 世纪 60 年代以来，青藏高原降水虽呈增加趋势，但并不显著(You et al.，2012)。高原降水存在区域性和季节性差异，就空间变化而言(Wang et al.，2018a，2018b，2018c)，在喜马拉雅山南麓存在一明显雨带，进入高原腹地后，地形起伏相对平坦，降水随之变化平稳。同时卫星资料显示在喜马拉雅山脉的高山和峡谷地带的降水强度存在显著差异，这可能同峡谷的水汽通道作用和山体的阻挡效应有关(欧阳琳 等，2017)。高原东南部虽是高原降水量极大值区，但近些年来为减少趋势(You et al.，2012；Gao et al.，2013)，相反，高原西北部暖湿化趋势却非常显著，比较典型的区域如柴达木盆地(戴升 等，2013)。

不同时间尺度的降水变化同季风环流系统具有密切联系，夏季孟加拉湾的气旋性环流异常和西北太平洋副热带高压西伸、北抬或东退、南落同青藏高原夏季降水异常直接关联，能决定低纬水汽向高原东南部的输送(Liu et al.，2016)。同时，对流层高层的南亚高压的季节内南北移动和东西振荡可控制青藏高原或伊朗高原上空的环流，继而影响高原夏季降水异常(张宇 等，2013)。具有相当正压结构的欧亚中高纬环流系统的显著异常会影响高原北部山区降水(杨莲梅和张庆云，2007a，2007b)，丝绸之路遥相关可通过中高纬波列影响到中国夏季降水异常(Lu et al. ,2002;申红艳 等,2017;Wang Y L et al. ,2017a)。

虽然高原冬季降水量较少,但却有十分重要的作用。一方面,冬季降水可以改变春季土壤湿度的异常,通过热通量和辐射通量等对我国夏季的气候产生显著影响(Chow et al. ,2008;王瑞 等,2009)。冬季降水也可以影响积雪或雪盖的形成,从而影响地表反照率。季国良和徐荣星(1990)通过对高原西部冬季 地表净辐射的分析表明,高原西部冬季地表净辐射与降水呈正相关,而且地表净辐射可以作为地表加热场的指标,对我国及东亚地区的大气环流和气候造成重要影响。此外,高原积雪异常也会显著影响我国黄河流域和江淮流域等地区的夏季降水(Qian et al. ,2003;王春学 等,2012;姚姗姗和王慧,2015)。降雪是高原冬季的主要降水形态,雪灾成为影响该地区的主要自然灾害,历来有“三年一小灾,五年一大灾”之说。青藏高原降雪的空间分布差异性很大,大致为高原腹地降雪少而高原四周降雪多的分布格局,高原西侧和南侧由于地形阻挡,暖湿气流无法进入高原腹地,而沿喜马拉雅山脉南麓东进,于横断山脉北上,输送至唐古拉山和巴彦喀拉山一带产生大量降雪。IPCC 第四次评估报告中指出,欧洲地区积雪覆盖不断减少,而青藏高原地区雪盖自 20 世纪 70 年代以来处于增加趋势(Lemke et al. ,2007)。自 20 世纪 60 年代以来,青藏高原日降雪量大于 5 mm 的强降雪事件就有所增加(Sun et al. ,2010),而弱事件和中等强度事件减少,总体呈现降雪强度趋强、降雪日数增加的变化特征(Zhou et al. ,2018)。青藏高原冬季降雪在年代际尺度上与东亚冬季风系统存在显著相关(董文杰 等,2001;Xu et al. ,2017)。冬季北极涛动(Arctic oscillation,AO)正(负)位相和青藏高原降雪东多(少)西少(多)分布型具有很好的对应关系(覃郑婕 等,2017)。高原北部冬季降雪变化受东亚西风急流的影响(Cuo et al. ,2013)。中纬度西风异常可通过自高原向北太平洋的气温平流激发绝热上升运动,配合低纬南风异常带来大量水汽,为高原冬季降水提供有利条件(Sampe and Xie,2010)。影响高原东部降雪的典型天气尺度环流型包括北脊南槽型、乌山脊型、阶梯槽型(梁潇云 等,2002)。由此可见,高原强降雪事件的形成与高、中、低纬度环流系统、水汽输送和遥相关模态等均有不同程度的联系,然而,气象因子间存在复杂的非线性相互作用且在季内尺度上具有不稳定性(封国林 等,2006;丁瑞强 等,2009),高原冬季降水的形成机制较复杂。

1.2.3 热带海温的影响研究进展

海洋异常信号可通过复杂的海洋动力和热力过程传输或存储,热带海表温度异常通过“大气桥”作用影响区域气候变化(施能 等,1996;Alexander et al. ,2002;蒋兴文 等,2010;Wang et al. ,2010a; Li et al. ,2018,2019;Guan et al. ,2019)。Shaman 等(2005)研究了厄尔尼诺-南方涛动(El Niño-Southern Oscillation,ENSO)影响高原积雪的途径,发现厄尔尼诺(El Niño)可激发沿北非—亚洲急流扩展的罗斯贝(Rossby)波列,引起高原上空速度势增强,进而使高原冬季积雪深度增加,后来这一结论也被 Wang 和 Xu(2018b)所证实。与此同时,ENSO 还可通过调制西太平洋对流活动来影响高原气候,高原东南部冬季气温就和 ENSO 引起的西北太平洋对流异常具有密切联系(Jiang et al. ,2013)。而且 ENSO 在前冬时期对北半球热带外地区具有显著遥相关作用,而后冬的关系则相对较弱(King et al. ,2016)。Wang B 等(2000)研究 ENSO 影响东亚气候的动力过程时发现,厄尔尼诺时,菲律宾反气旋环流发展,该反气旋引起偏南风异常可向东亚地区带来暖湿气流,使东亚气温和降水增加。但 Son 等(2014)强调仅通过菲律宾反气旋不足以解释同东亚的联系,它局限于亚热带,难以影响 30°N 以北地区,进一步研究发现除菲律宾反气旋外，位于北太平洋的黑潮区(Kuroshio)反气旋，前冬存在，而后冬突然消失，Kuroshio反气旋的发展和消退显著影响厄尔尼诺和东亚冬季气候的关系。King等(2016)则提出ENSO对北半球热带以外地区在前冬时期具有显著遥相关作用，而后冬的关系较弱。Kim(2014)近期的研究发现，对流层和平流层作用在后冬共同发挥作用，平流层过程可改变ENSO在对流层影响欧亚地区气候的途径。以上研究均表明，ENSO信号对北半球气候的影响具有明显的季内差异性，那么是否会对高原冬季气候季内演变具有显著调控作用？经初步统计，ENSO暖位相时，我国北方前冬易偏冷，而后冬偏暖，冷位相时情况相反，呈前冬暖后冬冷。那么这种响应关系是否和ENSO信号所造成的季内环流差异性存在一定联系？高原冬季气候是否也会存在这种季内差异性响应？

热带印度洋通常会表现出对厄尔尼诺事件的滞后响应，因而会在厄尔尼诺事件对东亚气候的影响中起到重要“接力作用”(Yang，1996)。印度洋海温增暖会加大欧亚气温经向梯度，进而使中东急流得以加强(Yuan et al.，2009)，中东急流可显著影响亚洲南部的气候，使青藏高原南部的槽变强，进一步加强自亚洲西部和孟加拉湾向中国的水汽输送(Wang L et al.，2010b)。青藏高原冬季雪深的年代际增加和印太海盆的年代际增暖关系密切，即热带印度洋海温对高原冬季积雪年代际增加发挥主要作用(施能 等，1996)。热带印度洋海温异常使地中海东部异常涡旋增强，在前冬时期激发斯堪的纳维亚遥相关型(Scandinavian teleconnection pattern)(Liu et al.，2014)，进而会影响欧亚冬季气候。厄尔尼诺发展阶段，热带印度洋常会出现西暖东冷的纬向偶极型海温异常，这种海温型被称作“印度洋偶极子(Indian Ocean dipole，IOD)”，是热带印度洋海温第二主模态(Saji et al.，1999)。IOD对印度洋及周边地区气候有重要影响，IOD事件不仅可以直接影响对流层低层的流场，可以通过对流层上层青藏高原反气旋进而影响西太平洋副热带高压，正IOD事件对应孟加拉湾低层异常反气旋、我国西南地区低层气旋异常、西太平洋副热带高压偏弱(李崇银，1990；李崇银 等，2001a；2001b)。前期3—5月IOD可通过太平洋-日本涛动(Pacific-Japan oscillation)波列影响中国东部降水(肖子牛 等，2002)，IOD与青藏高原汛期降水具有显著同期相关关系(刘青春 等，2005)；正IOD事件使中国西南、华南及东北、华北冬季降水偏多。然而，Yuan等(2009)提出IOD对高原前冬雪盖具有显著影响，而ENSO的影响作用则不明显，这同上述Shaman等(2005)和Wang X等(2018c)得出的研究结果有所不同。蒋兴文等(2010)研究表明，在年际尺度上热带海温同高原前冬积雪深度均具有显著关系，并针对以往研究中ENSO影响高原前冬积雪的差异性结论的原因进行分析，认为可能是由于所用资料和变量不同造成的。那么，ENSO和IOD对高原前冬时期降雪异常的影响如何？目前这方面的研究尚未开展，仍缺乏认识，其影响途径更是亟待研究。

在全球变暖的背景下，印度洋也发生着显著变化，赤道印度洋自20世纪50年代以来呈增暖趋势，至20世纪末增加0.5 ℃，通过印尼翻转流使太平洋至印度洋的热量输送增强，印度洋热容量在过去10年间也急剧增加(Halkides et al.，2007)。众多研究表明，印度洋海盆模(Indian Ocean Basin Model，IOBM)作为电容器可通过充放电效应对大气产生影响(Xie et al.，2009)。IOBM正位相时夏季风增强，有利于南亚地区水汽辐合加强和降水增加(Yang et al.，2010)。季风爆发是由海陆热力差异使气温经向梯度变化而引起，Cherchi等(2007)研究发现，季风系统在印度洋海温和青藏高原降水间发挥着桥梁作用。热带东南印度洋海温异常可通过环流调整来抑制印度次大陆和孟加拉湾北部的对流活动，激发出喜马拉雅山南麓的反气旋性环流异常，最终形成青藏高原和印度次大陆的偶极型降水分布(Jiang et al.，2017)。

自20世纪70年代以来，由于印度洋海温增暖导致沃克环流(Walker circulation)加强，ENSO和IOD之间的联系也随之不断增强(Yuan et al.，2009)。IOD是受外源强迫产生，ENSO的爆发早晚对IOD的形成至关重要，初夏的ENSO事件相比夏末或秋季来讲更有利于强IOD的发展，因为初夏厄尔尼诺在印度洋西北部产生低层反气旋并伴有索马里急流，可使印度洋西北部变暖进而为IOD发展创造条件(Fan et al.，2017)，IOD也能为ENSO位相的发展提供反馈作用(Behera and Yamagata，2003)。值得关注的是，ENSO通常伴随IOD海温异常，冬季两者易处同位相状态(Saji et al.，1999)。厄尔尼诺期间IOD发生时，热带印度洋—太平洋海表温度异常(sea surface temperature anomaly，SSTA)自西向东呈"＋－＋"分布，印度洋和中太平洋地区有较强的异常纬向海温梯度和纬向风异常维持，这一海气异常型在IOD发展达到最盛、厄尔尼诺也发展稳定时最为明显。热带印度洋和太平洋海温异常均同青藏高原降水有着紧密联系，且这种关系可由秋季持续至冬季，IOD和ENSO对高原降水的独立及联合影响机制值得深入分析。对于热带海温影响高原冬季降雪而言，从IOD和ENSO因子相互配置角度探讨其对欧亚环流系统、西风带和低纬度水汽输送的影响问题还未给出清晰的解释，缺少系统性的分析及数值模拟研究。此外，IOD和ENSO共同作用过程中是否存在协同或拮抗效应等问题也值得我们深入研究。

青藏高原地形复杂特殊，自然环境恶劣，因而气象观测站点稀疏且分布不均，空间代表性非常有限，那么高分辨率的降水融合数据和再分析资料是否在高原这种特殊地形条件下具有一定的适用性？各类资料在刻画高原不同尺度降水特征方面存在哪些差异性？对于降水量级稀少的冬季，高分辨率降水资料是否具有一定的刻画能力？解答这些问题对于客观全面认识青藏高原气候变化特征具有重要意义。

相比气温而言，降水会受地形条件、水汽来源、输送路径等多种因素的影响，其变化特征和形成机制会更加复杂，青藏高原由于特殊的地理位置，同时受到西风带系统和东亚、南亚、高原季风系统的共同影响，通过梳理已有研究发现，高原降雪形成机制十分复杂，比如海温、中高纬大气内部变率等，还有下垫面特征，包括地形、冰川、积雪、土壤湿度等，均会直接或间接影响高原地区的降水，而且通常是多种因子的协同作用。高原冬季降雪年际变率加大，尤其在当前气候显著增暖背景下，降水极端性增强，给预测带来很大的不确定性，到目前为止，仍缺乏对高原冬季降水(雪)异常的系统性研究，其关键影响系统或因子有哪些？这些因子是如何独立或共同作用于高原冬季降雪？因此，本书针对上述一系列问题展开讨论。

第 2 章　资料、方法和模式介绍

2.1　资料

2.1.1　站点观测资料

青藏高原多数气象观测站始建于 20 世纪 60 年代，站点空间分布不均匀，多集中在高原中东部地区，高原西部受地形条件限制站点稀少（图 2.1），本书共筛选出观测序列较完整的 86 个气象站点自 1961—2018 年的逐月降水数据，对其进行质量控制及均一性检验，确保资料的可靠性。以这些气象台站实测资料（全书以下简称为 OBS）作为参照值，分别同全球观测降水数据集、再分析降水数据这两类资料进行差异性对比，本书中的气候态平均时段是指 1981—2010 年。

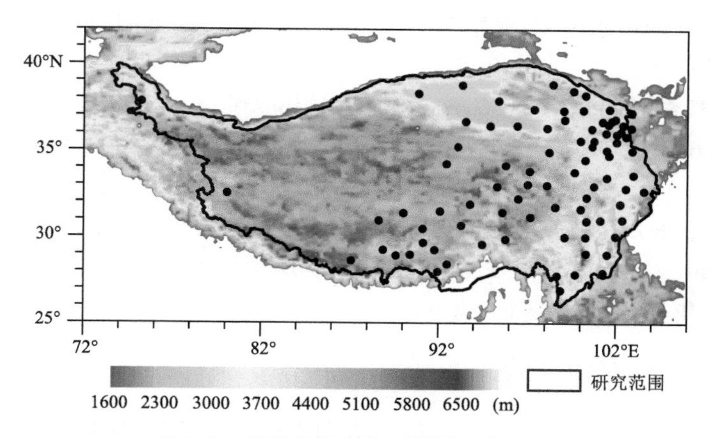

图 2.1　青藏高原气象观测站点分布图

2.1.2　再分析资料

(1)欧洲中期天气预报中心（European Centre for Medium-Range Weather Forecast，EC-MWF）提供的第五代再分析数据集，包括降水量、等压面上的位势高度、经向风、纬向风、垂直速度、比湿、海平面气压，资料水平分辨率为 0.25°×0.25°，时间自 1979 年起始。

(2)日本气象局（The Japan Meteorological Agency，JMA）研制发布的全球大气再分析资料 JRA55（Japanese 55-year Reanalysis）降水数据，水平分辨率 1.25°×1.25°（Haradad et al.，

2016;Kobayashi et al.,2015),资料自1958年开始。

(3)美国国家环境预报中心(NCEP)和美国国家大气研究中心(NCAR)(National Centers for Enviromental Prediction/National Center for Atmospheric Research,NCEP/NCAR)发布的NCEP2(Kistler et al.,2001),是在和NCEP1相同的空间分辨率、同化方案和输入资料的基础上,引入新的短波辐射传输计算方案,改变了对流参数化和物理参数化方案,在高原地区有所改进(魏丽和李栋梁),包括逐月位势高度、经向风、纬向风、垂直速度、比湿、降水量、海平面气压场资料,水平分辨率为2.5°×2.5°,时间范围自1948年1月开始;NCEP/NCAR研制的CFSR(Climate Forecast System Reanalysis)降水数据,空间分辨率为0.5°×0.5°,自1979年起始。

(4)美国国家航空航天局(National Aeronautics and Space Administration,NASA)提供的全球格点降水数据集MERRA2(Modern Era Retrospective Analysis for Research and Applications,Version2)水平分辨率为0.5°×0.625°,1980年开始(Bosilovich et al.,2011)。

(5)美国国家海洋大气局(National Oceanic and Atmospheric Administrator,NOAA)提供的第三版逐月海温数据ERSST(Extended Reconstruction Sea Surface Temperature)(Smith and Reynolds,2003),水平分辨率为2.0°×2.0°,时间自1954年1月开始。

2.1.3 全球降水观测资料

(1)英国东英吉利(East Anglia)大学的气候研究中心(Climatic Research Unit,CRU)研制的CRU降水资料,自1901年开始,水平分辨率为0.5°×0.5°(Harris et al.,2014b)。

(2)全球降水气候中心(Global Precipitation Climatology Center,GPCC)研制的陆地格点化的降水数据集GPCC,水平分辨率为1.0°×1.0°,自1901年开始(Becker et al.,2011,2013)。

(3)全球降水气候项目(Global Precipitation Climatology Project,GPCP)降水资料,资料的时间为1979年开始,空间分辨率为2.5°×2.5°(Adler et al.,2003,2018;Huffman et al.,1997)。

(4)美国国家海洋大气局(NOAA)气候预测中心(Climate Prediction Center,CPC)发布的CMAP(CPC Merged Analysis of Precipitation)全球逐月降水资料,空间分辨率为2.5°×2.5°,资料自1979年开始(Xie and Arkin,1997)。

2.1.4 气候和海温指数

NOAA的CPC网站提供的逐月NAO指数和Nino3.4、IOD指数资料,时间范围为1950年1月至2020年12月。

2.1.5 地形资料

本书用到的地形资料来自ETOPO1(Amante and Eakins,2009)中的地球表面全球浮雕模式(https://www.ngdc.noaa.gov/mgg/global/global.html),整合了多源土地地形和海洋测深的数据,计算世界海洋体积,并导出地球表面的地形曲线,水平分辨率为1°×1°。

2.2　方法

2.2.1　泰勒图分析

泰勒图分析常用于数据评估对比分析，本书用此方法来直观展示各套格点降水数据与观测实况的空间相关系数、空间标准差及均方根误差（Taylor，2001）。其原理大致如下所述，假设 r_n 和 f_n 分别为用于对比的观测数据集及某一模式数据的空间点序列，观测数据、模式数据及模式相对于观测数据的空间标准差分别为：

$$S_r = \sqrt{\frac{1}{n}\sum_{i=1}^{n}(r_i - \bar{r})^2} \tag{2.1}$$

$$S_f = \sqrt{\frac{1}{n}\sum_{i=1}^{n}(f_i - \bar{f})^2} \tag{2.2}$$

式中：观测数据和模式数据的标准差（S_r，S_f）分别反映了观测和模式数据的空间变率强度。根据 $S_{fr} = \frac{S_f}{S_r}$，若 $S_{fr}>1$，则表示模式数据相对于观测数据而言区域性差异较大，空间分布不均匀性较强。反之，若 $S_{fr}<1$，则说明与观测数据相比，模式结果的空间分布更均匀，区域性差异更小。此外，观测数据与模式数据的均方根误差为：

$$E_{fr} = \sqrt{\frac{1}{n}\sum_{i=1}^{n}[(f_i - \bar{f}) - (r_i - \bar{r})]^2} \tag{2.3}$$

进一步，为了反映观测数据与模式数据的空间相似度，计算了观测数据与模式数据二者之间的空间相关系数，公式如下：

$$R_{fr} = \frac{\frac{1}{n}\sum_{i=1}^{n}(f_i - \bar{f})(r_i - \bar{r})}{S_f S_r} \tag{2.4}$$

其中空间标准差、均方根误差及空间相关系数三者之间满足如下关系：

$$E_{fr}^2 = S_f^2 + S_r^2 - 2S_f S_r R_{fr} \tag{2.5}$$

2.2.2　均方根误差

为比较多套资料的效果，利用均方根误差（root mean square error，RMSE），又称标准误差，是观测值与真值偏差的平方和观测次数比值的平方根，主要用于比较两套数据的偏差，计算公式如下：

$$\text{RMSE} = \sqrt{\frac{1}{n}\sum_{i=1}^{n}(x_i - y_i)^2} \tag{2.6}$$

式中：x 和 y 为参与对比的两套资料。

2.2.3　降雪集中度和集中期

单站降雪过程集中度（concentration degree，CD）和集中期（concentration period，CP）。将冬季（11 月—翌年 2 月）120 d（121 d）看作一个圆周（360°），定义冬季首日 11 月 1 日的日序

为 1，方位角为 3°，依此类推，次年 2 月 28(29)日的日序为 120 d(121 d)，矢量角为 360°，定义冬季逐日降雪向量(r_j,θ_j)，j 代表冬季的第 j 天，r_j 代表第 j 天的日降雪量标量大小，θ_j 为该日日序与方位角 4°的乘积，表示该日降雪量的矢量方向。将一次降雪过程按照日降雪量矢量求和，得到的向量称为：一次降雪过程集中矢量 ($\boldsymbol{cd}_i$,$\boldsymbol{cp}_i$)，公式为：

$$\boldsymbol{cd}_i = \sqrt{R_{xi}^2 + R_{yi}^2} \tag{2.7}$$

$$\boldsymbol{cp}_i = \arctan\left(\frac{R_{xi}}{R_{yi}}\right) \tag{2.8}$$

$$R_{xi} = \sum_{j=1}^{N} r_{ij} \cdot \sin\theta_j \tag{2.9}$$

$$R_{yi} = \sum_{j=1}^{N} r_{ij} \cdot \cos\theta_j \tag{2.10}$$

式中：r_{ij} 为第 j 日的降雪标量大小；θ_j 为第 j 日的降雪量的矢量角度；N 为过程持续日数。

同样原理，将某年冬季 M 次降雪过程集中矢量求和，合矢量模与相应的冬季日降雪量标量总和的比值定义为：冬季降雪过程集中度 CD；合矢量方向角换算成冬季日序定义为：冬季降雪过程集中期 CP，公式为：

$$CD = \frac{\sqrt{R_{xi}^2 + R_{yi}^2}}{R_{\text{sum}}} \times 100\% \tag{2.11}$$

$$CP = \arctan\left(\frac{R_x}{R_y}\right)/4.0 \tag{2.12}$$

$$R_x = \sum_{i=1}^{M} \boldsymbol{cd}_i \cdot \sin\boldsymbol{cp}_i \tag{2.13}$$

$$R_y = \sum_{i=1}^{M} \boldsymbol{cd}_i \cdot \cos\boldsymbol{cp}_i \tag{2.14}$$

式中：R_{sum} 为某年冬季降雪量的标量总和。

2.2.4 水汽收支方程

若忽略大气中的液态和固态水，大气水分平衡方程(Schmitz and Mullen，1996)为：

$$\frac{\partial W}{\partial t} = -\nabla\cdot \boldsymbol{Q} + E - P \tag{2.15}$$

式中：W，E，P 分别为可降水量、蒸发量和降水量；$-\nabla\cdot \boldsymbol{Q}$ 为水汽输送辐合，若 $-\nabla\cdot \boldsymbol{Q} > 0$，表示水汽辐合，相反，若 $-\nabla\cdot \boldsymbol{Q} < 0$，则水汽辐散。如果不考虑地表状况(陆面或海洋)的影响，水汽输送辐合 $-\nabla\cdot \boldsymbol{Q}$ 可分解为：

$$-\nabla\cdot \boldsymbol{Q} \approx -\frac{1}{g}\int_{p_s}^{p_t} \nabla\cdot(q\boldsymbol{V})\mathrm{d}p = -\frac{1}{g}\int_{p_s}^{p_t}(q\nabla\cdot \boldsymbol{V})\mathrm{d}p - \frac{1}{g}\int_{p_s}^{p_t}(\boldsymbol{V}\cdot\nabla q)\mathrm{d}p \tag{2.16}$$

式中：p_s 为下边界气压；p_t 为上边界气压；$-\frac{1}{g}\int_{p_s}^{p_t}(q\nabla\cdot \boldsymbol{V})\mathrm{d}p$ 为风场辐合项；$-\frac{1}{g}\int_{p_s}^{p_t}(\boldsymbol{V}\cdot\nabla q)\mathrm{d}p$ 为水汽平流项，若风场辐合项为正或水汽平流项为正，有利于水汽辐合和降水，反之，若风场辐合项为负或水汽平流项为负，则不利于水汽辐合和降水；$\boldsymbol{Q}$ 为整层积分的水汽输送通量，可拆分为纬向(Q_u)和经向(Q_v)水汽输送通量，公式为：

$$Q_u(x,y,t) = \frac{1}{g}\int_{100}^{p_s} q(x,y,p,t)u(x,y,p,t)\mathrm{d}p \tag{2.17}$$

$$Q_v(x,y,t)=\frac{1}{g}\int_{100}^{p_s}q(x,y,p,t)v(x,y,p,t)\mathrm{d}p \tag{2.18}$$

式中：u,v 为单位气柱内各层大气的纬向、经向风速；q 为大气比湿；g 为重力加速度；从地面(p_s)到 100 hPa 的垂直积分作为整层积分。

此外，各边界水汽输送通量分别表示如下，用来表征垂直于某一截面的平均水汽通量，作为描述水汽路径的客观定量指标。公式为：

$$Q_{\mathrm{W}}=\sum_{\varphi_1}^{\varphi_2}Q_u(\lambda_1,y,t) \tag{2.19}$$

$$Q_{\mathrm{E}}=\sum_{\varphi_1}^{\varphi_2}Q_u(\lambda_2,y,t) \tag{2.20}$$

$$Q_{\mathrm{S}}=\sum_{\lambda_1}^{\lambda_2}Q_v(x,\varphi_1,t) \tag{2.21}$$

$$Q_{\mathrm{N}}=\sum_{\lambda_1}^{\lambda_2}Q_v(x,\varphi_2,t) \tag{2.22}$$

$$Q_{\mathrm{T}}=Q_{\mathrm{W}}-Q_{\mathrm{E}}+Q_{\mathrm{S}}-Q_{\mathrm{N}} \tag{2.23}$$

式中：Q_{W}，Q_{E}，Q_{S}，Q_{N}分别为西、东、南、北 4 个边界水汽收支；Q_{T}为区域边界总体水汽收支；λ_1，λ_2，φ_1，φ_2分别为各边界对应的纬度和经度。

2.2.5　三维波作用通量

本书采用 Takaya 和 Nakamura(1997,2001)定义的波作用通量(T-N 通量)来分析对流层高层与大气遥相关型相联系的准定常波的传播。该通量(W)用于诊断相对于基本气流的波动能量传播，在 WKB 假设下与波的位相无关，可以提供准地转涡旋三维的传播图像。W 与群速度的方向平行，可以用来表征能量的频散。W 的辐散(辐合)分别对应扰动的增强(减弱)，在气压坐标中的计算公式为：

$$W=\frac{1}{2|\boldsymbol{U}|}\begin{pmatrix} u(\psi_x'^2-\psi'\psi'_{xx})+v(\psi'_x\psi'_y-\psi'\psi'_{xy}) \\ u(\psi'_x\psi'_y-\psi'\psi'_{xy})+v(\psi_y'^2-\psi'\psi'_{yy}) \\ \dfrac{f}{R\sigma/p}\{u(\psi'_x\psi'_p-\psi'\psi'_{xp})+v(\psi'_y\psi'_p-\psi'\psi'_{yp})\} \end{pmatrix} \tag{2.24}$$

式中：W 为 T-N 通量；ψ 为准地转流函数；f 为科氏力参数；p 为气压；(u,v) 为水平风场；$|\boldsymbol{U}|$ 为基本流的风速；$\sigma=(R\overline{T}/c_p p)-\mathrm{d}\overline{T}/\mathrm{d}p$，$R$ 为理想气体常数，T 为气温；c_p 为比定压热容；ψ'_x，ψ'_y，ψ'_p 的下标 x,y,p 均表示对 x,y,p 的偏导数；横线和撇分别代表气候平均和扰动。

2.2.6　气候指数定义和计算

(1)菲律宾反气旋指数为海平面气压在西北太平洋(0°—20°N，110°—140°E)地区的格点平均(Wang B et al,2002)。亚洲区极涡指数为(80°—90°N，60°—150°E)范围内 500 hPa 高度距平场的区域平均值。巴尔喀什湖(巴湖)—贝加尔湖(贝湖)低槽指数为(40°—60°N，80°—110°E)范围内 500 hPa 高度距平场的区域平均值。

(2)亚洲区极涡指数为(80°—90°N，60°—150°E)范围内 500 hPa 高度距平场的区域平均值。

(3)巴尔喀什湖—贝加尔湖低槽指数为(40°—60°N,80°—110°E)范围内 500 hPa 高度距平场的区域平均值。

(4)欧亚型(Eurasian pattern,EU)遥相关型指数,反映西欧上空位势高度与西伯利亚之间反相关,而与中国东北和日本一带则为正相关(孙照渤 等,2010)。EU 指数计算如下:

$$EU = -\frac{1}{4}Z(55°N,20°E) + \frac{1}{2}Z(55°N,75°E) - \frac{1}{4}Z(40°N,145°E) \tag{2.25}$$

式中:Z 为 500 hPa 位势高度场。

2.2.7 检验评估方法

为客观定量评估模式预测性能,本节主要参考世界气象组织(World Meteorological Organization,WMO)推荐的标准和方法,距平相关系数和时间相关系数,从确定性预报的角度进行检验。

距平相关系数(anomaly correlation coefficient,acc),主要反映预测场同实况场的空间相似程度,公式如下:

$$\mathrm{acc}_j = \frac{\sum_{i=1}^{M}(\Delta x_{i,j} - \overline{\Delta x_j}) \times (\Delta f_{i,j} - \overline{\Delta f_j})}{\sqrt{\sum_{i=1}^{M}(\Delta x_{i,j} - \overline{\Delta x_j})^2 \times \sum_{i=1}^{M}(\Delta f_{i,j} - \overline{\Delta f_j})^2}} \tag{2.26}$$

时间相关系数(temporal correlation coefficient,tcc)能够表征模式在每个格点的预报能力,可得到预报技巧空间分布,计算公式如下:

$$\mathrm{tcc}_i = \frac{\sum_{i=1}^{N}(x_{i,j} - \overline{x_i}) \times (f_{i,j} - \overline{f_i})}{\sqrt{\sum_{i=1}^{N}(x_{i,j} - \overline{x_i})^2 \times \sum_{i=1}^{N}(f_{i,j} - \overline{\Delta f_i})^2}} \tag{2.27}$$

acc 和 tcc 的取值范围均在−1~1 之间,越接近于 1 则表示预报技巧越高。

为比较多套资料的效果,利用均方根误差(RMSE),又称标准误差,它是观测值与预测值偏差的平方和观测次数比值的平方根,计算公式为:

$$\mathrm{RMSE} = \sqrt{\frac{1}{n}\sum_{i=1}^{n}(x_i - y_i)^2} \tag{2.28}$$

式中:x 和 y 为参与对比的两套资料。

2.2.8 其他统计方法

统计方法主要有一元线性回归分析、相关分析(包括同期相关、超前/滞后相关、滑动相关)、经验正交函数分析方法(empirical orthogonal function,EOF)、合成分析、滤波分析、突变检验等,显著性水平检验采用双尾 t 检验。除此之外,本书主要集中研究降水的年际尺度变率,对所有指数和变量在使用前都进行滤波处理,具体操作为,先减掉所有变量和指数的 9 a 滑动平均值,然后去除所有指数和变量的线性趋势,最后得到年际变率(Qian et al. ,2011)。

2.3　模式介绍

采用美国NCAR发展的地球系统模式中的第五代通用大气模式(CAM5),近年来被广泛应用于气候变化研究中,本书用来验证观测和诊断的结果。CAM5是在p-σ混合坐标系下采用有限卷积的动力模拟(Lin,2004),垂直方向分30层,与上一版本CAM4相比,CAM5具有共同的陆面、海洋和海冰模块(Gent et al. 2011),而在大气模块中的辐射方案、边界层和气溶胶模块做了改进(Neale et al. ,2013,),由美国华盛顿大学发展的新的浅对流和湍流方案(Bretherton and Park,2009),具有两套云微物理方案(Park et al. ,2014)。

CAM5已被广泛应用到考察影响冬季气候的内在机制,本书利用CAM5.1设计四组由海温外强迫所驱动的数值试验,一组是由全球观测的前冬海温气候态所驱动的控制试验,其余三组敏感性试验为体现IOD和ENSO的共同和独立作用,分别设计如下(表2.1):(1)将高原前冬降水第一主模态对应的时间系数(PC1)对海温场进行回归,将热带北印度洋的回归值作为海温异常强迫,叠加在气候场用来驱动CAM5.1模式;(2)同样的思路,将PC1对中东太平洋的海温异常回归值进行叠加后再驱动模式;(3)将前两个海区海温异常共同叠加到气候场后进行驱动。模式每次输出10个成员,采用集合平均后的结果,敏感性试验和控制试验的差值可用来体现IOD和ENSO对高原前冬降雪的不同影响作用。

表2.1　基于CAM5.1的四组模拟实验方案

序号	试验方案	海温强迫
1	控制试验	全球海温气候平均态
2	IOD独立作用的敏感性试验	IOD正位相
3	ENSO独立作用敏感性试验	ENSO正位相
4	IOD和ENSO共同作用的敏感性试验	IOD和ENSO同为正位相

第 3 章　多源降水资料在高原地区的适用性分析

3.1　引言

青藏高原深居欧亚大陆内部，位于中国西部，境内有喜马拉雅山脉、祁连山脉、柴达木盆地、河湟谷地等，长江、黄河、澜沧江皆发源于此，地形地貌复杂，海拔落差大，该区域气象观测站点稀疏且分布不均，时间和空间代表性非常有限，现有台站观测资料无法准确刻画降水变化特征，给预报预测业务带来障碍。已有不少研究利用站点观测资料对整个中国大陆地区的降水变化特征进行评估，结果发现对于西部地区不确定性很大(虞海燕 等，2010)，为弥补站网稀疏的缺陷，以往曾配合使用冰川消融数据、径流和内陆湖泊水位数据等，或气候模式模拟数据、卫星数据。近些年高分辨率降水数据集的快速发展可有效弥补这一不足，基于台站观测数据建立了许多气候数据集，如根据中国 2400 多个气象站的观测数据所建立的 0.5°×0.5°高分辨率格点数据集(Xu et al.，2009)，来自美国国家海洋大气局(National Oceanic and Atmospheric Administration，NOAA)气候预测中心(Climate Prediction Center，CPC)发布的 CPC 和 CMAP(Xie et al.，1997)、全球降水气候中心(Global Precipitation Climatology Centre)研制的 GPCC(Becker et al.，2013)、全球降水气候项目(Global Precipitation Climatology Project)的 GPCP 及英国东英格利大学(Climatic Research Unit)气候研究中心的产品 CRU 被广泛应用(Adler et al.，2017)。

ECMWF 2017 年正式发布第五代再分析数据集(ERA5)，ERA5 在时空分辨率、观测数据量、辐射传输模式和同化方法等方面相对于第四代 ERA-Interim 都有较大变化，采用集合预报系统(Integrated Forecast System，IFS)中的四维变分同化方法，水平分辨率 31 km，垂直 137 层(Hersbach et al.，2020)。JRA55 为 JMA 研制发布的全球大气再分析资料，水平分辨率 1.25°×1.25°(Kobayashi et al.，2015)。CFSR(Climate Forecast System Reanalysis)是 NCEP/NCAR 研究数据信息中心(Research Data Archive，RDA)研制的再分析数据集，空间分辨率为 0.5°×0.5°，同 NCEP 早期研制的再分析资料相比，CFSR 在海气耦合模式中加入了海冰模式，且时空分辨率更好(Khairoutdinov et al.，2001)。第四套为 NASA 的气候再分析资料集 MERRA2，对早期再分析资料中的水循环过程改进后，研制的高分辨率全球格点再分析资料，水平分辨率 0.5°×0.625°，由戈达德地球科学数据和信息服务中心利用戈达德地球观测系统模式(GEOS-5)和数据同化系统(Data Assimilation System，DAS)生成(Saha et al.，2014)。以上资料的广泛应用为开展降水研究提供很好的基础，中国气象观测台站时空分布不均，加之地形复杂，使得观测数据在时空覆盖上不均匀，因此，不同的观测数据和再分析数据在不同地区的可信度有所差异。我国西北境内地形绵延起伏，湖泊河流众多，海拔落差大，可能会存在融合气象台站和卫星数据的降水资料在该地区的适用性不同的现象，虽有些资料具有较高分辨率，但融合过程所用站点观测资料较少，会对复杂地形下降水的时空分布特征具有一定影响。

基于观测的全球降水数据集和再分析资料在不同区域或不同时间尺度上存在适用性的问题，资料的可靠性在很大程度决定研究成果的科学性和可信度，因而资料的合理选择很重要，特别是在具有复杂地形的青藏高原地区，是全球气候变化的启动区和敏感区，多源数据集能否准确刻画高原气候变化特征？在刻画不同季节或不同时间尺度降水分布特征时，各套数据是否存在较大差异？究竟哪套全球格点观测、再分析降水数据更适用于具有复杂地形的青藏高原地区降水研究？这些问题值得探讨。本章选用国际上八套新的高分辨率格点降水资料，从不同时空尺度进行对比评估，为客观了解高原气候变化规律提供参考依据。

3.2　资料和方法

本章所用到的基于观测的全球降水数据集有CRU、GPCC、GPCP和CMAP，数据信息详见表3.1。CRU是由英国东英吉利(East Anglia)大学的气候研究中心研制，地表气候要素数据集包括平均气温、气温日较差、降水、水汽压和云量等气候变量，始于1901年，水平分辨率为0.5°×0.5°，本套资料利用样条插值法将异常值插值到格点，再叠加上气候平均值最终得到格点资料。GPCC降水数据是根据全球约85000个观测站点，包括气象站点、水文监测站点以及从CRU、GHCN Vision 2、FAO(Food and Agriculture Organization of the United Nations，联合国粮食及农业组织)数据产品收集的站点和一些区域资料集，通过SphereMap(球面贴图)插值方法得到全球陆地格点化的降水数据集，GPCC是利用全球站点数最多的降水数据集(Schneider et al.，2014)，它的水平空间分辨率包括0.5°×0.5°、1.0°×1.0°和2.5°×2.5°三种，本章选用1.0°×1.0°。GPCP月降水资料是全球降水气候计划(GPCP)利用全球6000多个测站的常规观测资料和少量的卫星资料，利用卫星反演的降水与地面站点观测的降水，进而合并计算集成的月降水量资料。CMAP(the CPC Merged Analysis of Precipitation)降水资料是美国国家海洋大气局(NOAA)气候预报中心(CPC)根据雨量器资料、卫星资料和NCEP/NCAR再分析资料等，通过合并算法生成的全球逐月降水数据集，资料的时间为1979年开始

表3.1　资料信息对照表

名称	来源	空间分辨率	起始年份
OBS	CMA	站点	1961
CRU	UEA	0.5°×0.5°	1901
GPCC	DWD	1°×1°	1901
GPCP	NOAA	2.5°×2.5°	1979
CMAP	NCAR	2.5°×2.5°	1979
ERA5	ECMWF	0.25°×0.25°	1979
JRA-55	JMA	1.25°×1.25°	1958
CFSR	NCEP	0.5°×0.5°	1979
MERRA2	NASA	0.5°×0.625°	1980

到目前，空间分辨率为 2.5°×2.5°，CMAP 和 GPCP 的观测数据来源基本相同，但算法完全不同，CMAP 数据集由两个文件组成：标准文件（CMAP-std），主要包括卫星反演和观测数据，增强文件（CMAP-enh），另外还包括 NCEP/NCAR 再分析降水的混合值。

对于再分析降水数据集，本章选用 ERA5、JRA55、CFSR、MERRA2（表 3.1）。ERA5 是 ECMWF 于 2017 年正式发布的第五代再分析数据集，ERA5 在时空分辨率、观测数据量、辐射传输模式和同化方法等方面相对于第四代 ERA-Interim 都有较大变化。JRA55 为日本气象厅（JMA）制作的全球大气再分析资料，水平分辨率 1.25°×1.25°。CFSR（Climate Forecast System Reanalysis）是 NCEP/NCAR 研究数据信息中心（Research Data Archive）研制的再分析数据集，自 1979 年开始，空间分辨率为 0.5°×0.5°，与 NCEP 早期研制的再分析资料相比，CFSR 是在海气耦合模式中加入了海冰模式，并且提高了时空分辨率（Huffman et al. 1997）。第四套为 NASA 的气候再分析资料集 MERRA2，是对早期再分析资料中的水循环过程改进的基础上，研制的高分辨率全球格点再分析资料，水平分辨率 0.5°×0.625°，由戈达德地球科学数据和信息服务中心利用戈达德地球观测系统模式（GEOS-5）和数据同化系统（DAS）生成。

本章采用的统计方法主要有趋势分析、相关分析（魏凤英，1997），泰勒图分析、低通滤波（丁裕国 等，1998），显著性水平检验采用双尾 t 检验。

青藏高原干季、雨季分明，降雨主要集中在 5—9 月，期间降水持续时间较长、雨量大，可占全年总雨量的 80%以上，尤其在位于高原腹地的雅鲁藏布江流域甚至可达 90%以上。本章所选取的 86 个气象台站 5—9 月的多年平均降水量均可占全年雨量的 60%以上，其中有 85%站点的降水量可达全年雨量的 80%以上，本章高原雨季指 5—9 月，冬季取 12 月—翌年 2 月。

3.3 青藏高原降水基本特征

3.3.1 时空特征

图 3.1 为基于青藏高原气象台站实际观测到的年降水量时空分布图，高原年降水量空间分布不均，自东南向西北递减，藏东南可达 600 mm 以上，是降水最充沛的区域，位于高原西北部的柴达木盆地不足 100 mm，为常年干旱区。从时间演变来看，高原年降水量整体以 6.3 mm/(10 a)的速率增加，显著通过 0.05 显著性水平检验；同时，降水年际振荡很明显，高

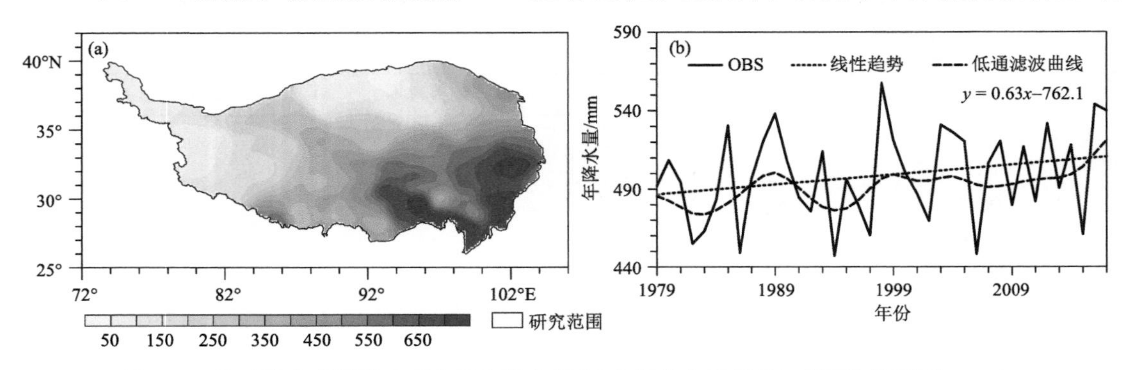

图 3.1 基于站点观测的青藏高原年降水量(a)空间分布及其(b)时间演变(单位：mm)
(蓝线：线性趋势，红线：9 a 高斯低通滤波曲线)

原历年雨量在 450～580 mm 之间频繁振荡，表明高原降水的年际变率较大；此外，低通滤波曲线显示高原年降水具有年代际波动变化的特征，20 世纪 80—90 年代以偏少为主，降水年际变化幅度较大，90 年代末逐渐转入偏多期。

图 3.2 为青藏高原逐月和逐季气候态（1981—2010 年）降水量。由图 3.2 可见，高原降水年内分配不均，干湿季异常分明，10 月至次年 4 月处于年内降水匮乏期，期间累积降水量不足 100 mm，仅占全年降水量的 19%，为典型少雨期，月平均降水量不足 30 mm，低于全年平均值 41.6 mm，12 月量级最小；自 5 月开始降水量快速增加，7 月为全年降水最多的月份，平均降水量为 108.9 mm，雨季期（5—9 月），降水总量在 400 mm 以上，占全年降水量的 81%，周顺武等（1999）早期利用青藏高原观测资料的分析结果与此类似。就季节分配而言，春、秋季降水占全年雨量的比例基本相当，为 20%左右，夏季最高，接近 60%，冬季则最少，不足 3%。林厚博等（2016）和谢欣汝等（2018）分别利用 NCEP 和 ERA-interim 降水资料，同样也发现高原降水存在显著的季节差异性。

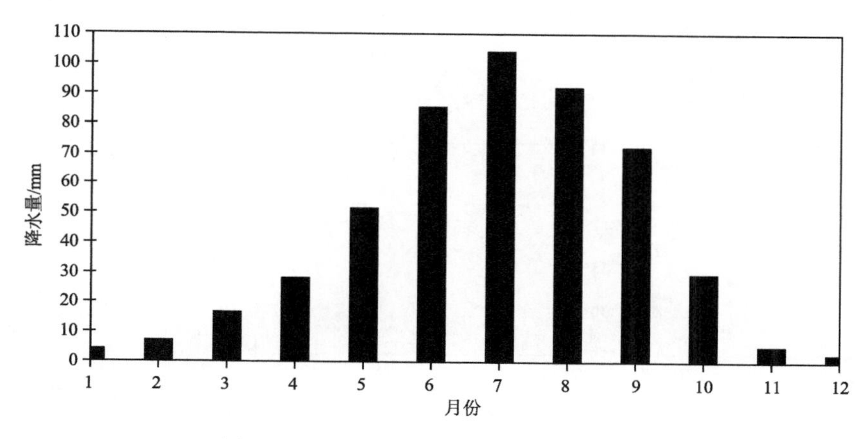

图 3.2　青藏高原年内逐月气候态降水量

高原降水分布不均的特征同样体现在空间上，图 3.3 给出高原逐月降水的空间分布，各月基本呈现西北少—东南多的分布格局，空间分布不均匀，区域差异大，表现出高原地形作用下的降水分布差异性；雨季 5—9 月降水量的地区差异性大，高原东南部月降水量可超过 100 mm，西北部则不足 50 mm；干季 11 月至翌年 4 月各地月降水量普遍不足 20 mm，高原西北部甚至不足 5 mm，区域差异相对较小。

高原地区季节降水量在空间上（图 3.4）均呈现西北少、东南多的分布格局。四季降水量分配上表现为夏季最多，春、秋季降水量次之，冬季降水量级最小。夏季（图 3.4b），高原东南部降水量级可达到 300 mm 以上，南侧边缘地带可突破 500 mm，但位于高原西北部的柴达木盆地不足 40 mm；春秋季（图 3.4c）量级和分布形态均比较类似，高值区都位于喜马拉雅南侧边缘和川西高原地区，在 100 mm 以上；冬季高原西北部降水不足 10 mm（图 3.4d），位于高原东南部的长江、黄河源区降水可达 30 mm 以上，高原西南边缘可达到 100 mm 以上。高原季节降水的时间演变（图 3.5）表现出春、夏季（图 3.5a，b）降水呈线性增加趋势，均以 4.3 mm/（10 a）的速率递增，而秋、冬季则呈减少趋势，减少速率分别为 3.3 mm/（10 a）和 1.5 mm/（10 a），其中冬季降水变化趋势显著通过 0.05 显著性水平检验；四季降水年际振荡特征明显，同时冬季降水具有明显的年代际变化（图 3.5d）。

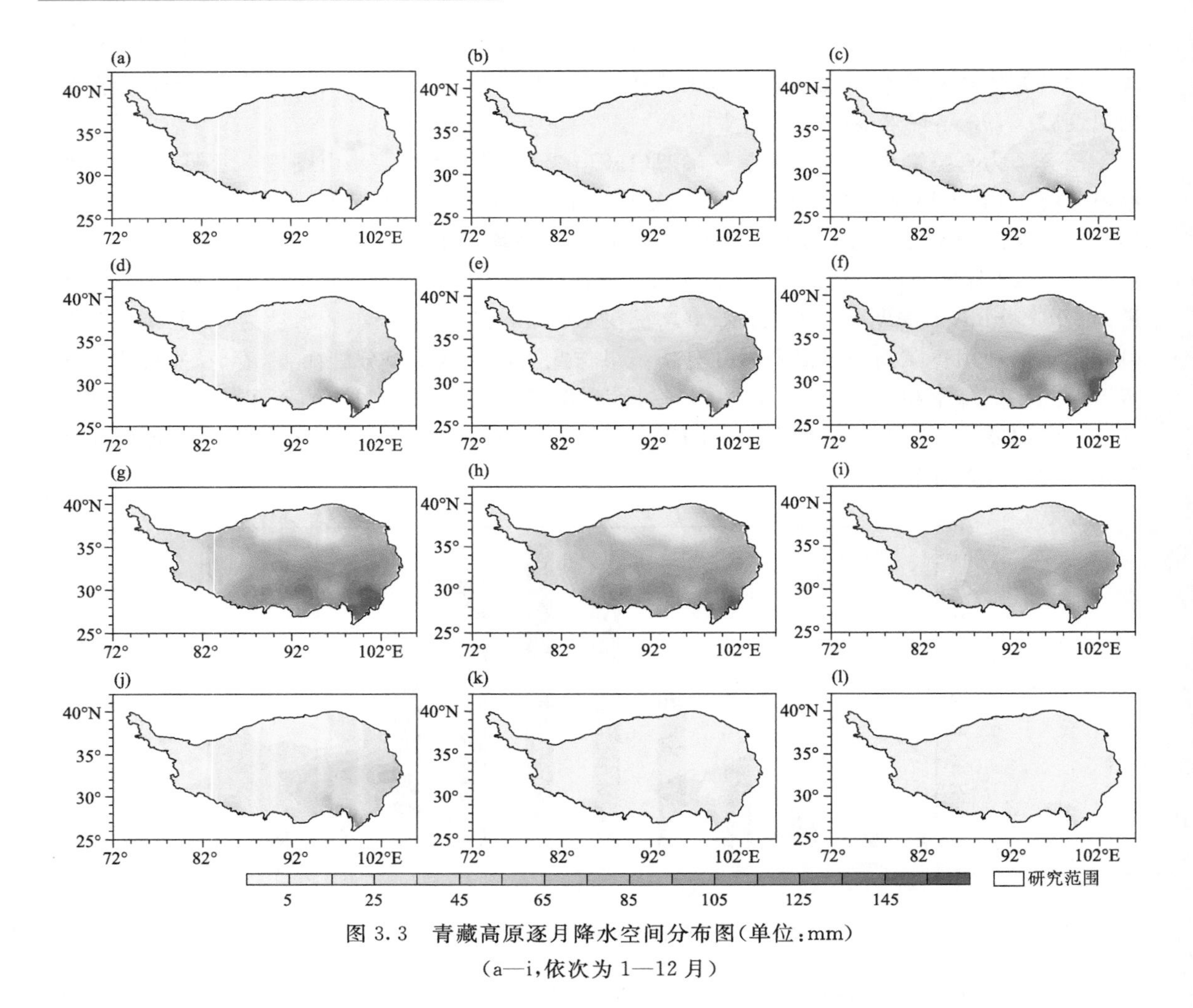

图 3.3　青藏高原逐月降水空间分布图(单位:mm)

(a—i,依次为 1—12 月)

3.3.2　水汽输送和收支

水汽输送是影响降水的最直接因素,第二次青藏高原大气科学试验理论研究首次提出了高原湿地的概念(陶诗言 等,2000),指出高原湿地的水汽来源并不一定来自南海或孟加拉湾,并指出高原西南部水汽通道的重要性。江吉喜和范梅珠(2002)认为,在雅鲁藏布江上游和在甘孜理塘一带有两个湿中心,南北干湿分界线大体在 33°N 附近。梁宏等(2006a)综合了 NCEP/NCAR 再分析资料、台站资料和 GPS 站的大气总水汽量观测资料,发现高原总水汽量存在与高原水汽输送路径关系密切的东南部、西南部和西北部 3 个大气水汽总量高值中心。占瑞芬等(2008)则通过高原地区大气红外探测器资料,发现夏季高原对流层高层水汽主要存在三类空间分布型,即全区一致型、高原东西偶极型和南北带状偶极型。

青藏高原水汽收支情况由表 3.2 给出,主要水汽来自纬向西风输送,西和南边界为水汽净输入,北边界为水汽净输出,而东边界在夏季为水汽净输出、其余季节为水汽净输入。春季来自西边界的水汽净输入最大,南北边界次之,而东边界为水汽输出,量级较西边界偏大,因此,春季水汽纬向输送为净输出,而南北边界均为净输入,水汽经向输送为净输入,春季总水汽收

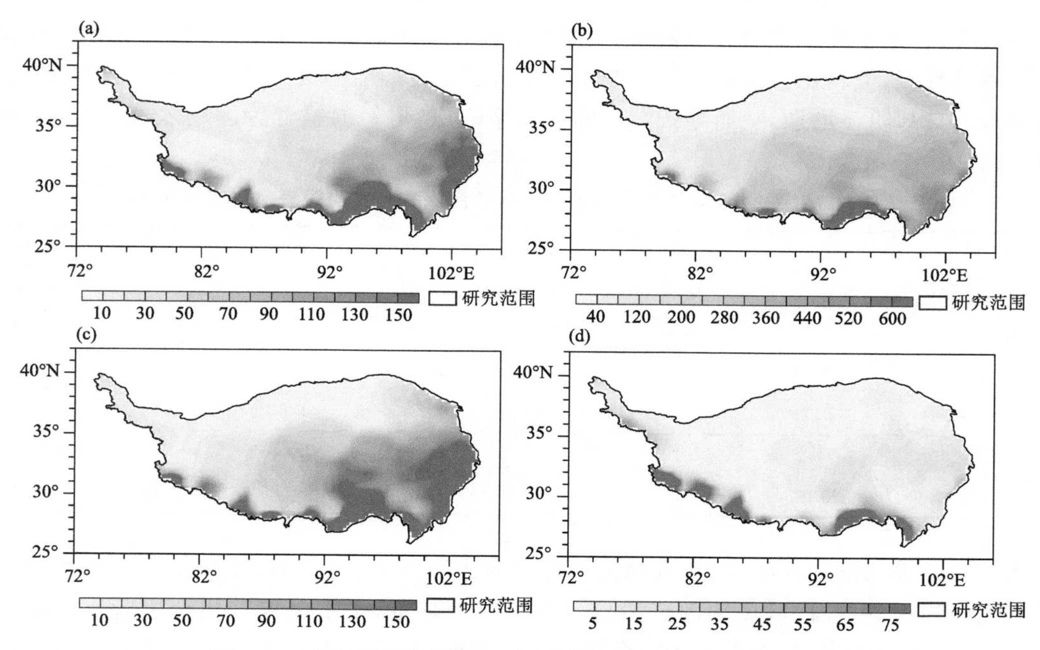

图 3.4 站点观测的青藏高原四季降水空间分布(单位:mm)

(a)春;(b)夏;(c)秋;(d)冬

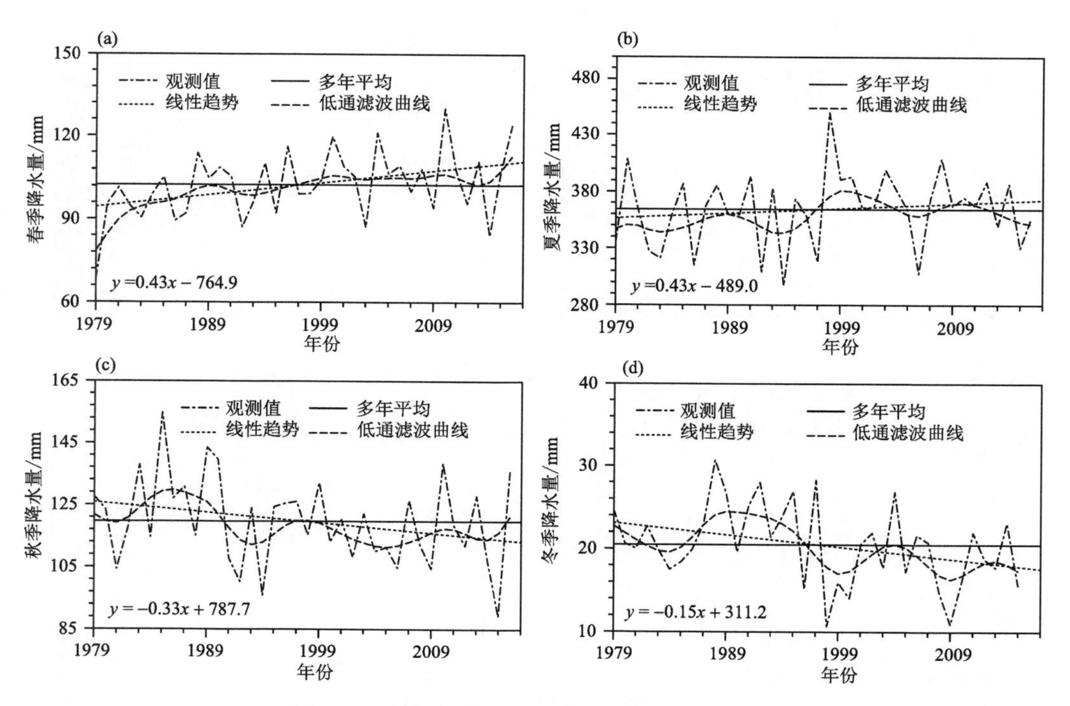

图 3.5 青藏高原四季降水演变图(单位:mm)

(a)春季;(b)夏季;(c)秋季;(d)冬季

支量级虽不大但为净输入，为 0.51×10^8 t/a；进入夏季，各个边界水汽输入均明显增加且均为水汽净输入，特别是南边界输入量剧增，夏季总水汽净输入量高达 63.32×10^8 t/a；秋季和春季的收支情况类似，但相比春季输入量级减少，总水汽收支净输出；冬季各边界输入量明显减少，东边界输出量却明显增加，从而导致纬向输送为净输出，但经向输送为净输入，总水汽净收支为−2.14×10^8 t/a。

表 3.2　1961—2018 年不同季节的高原各边界水汽收支对照表(单位：10^8 t/a)

时段	西边界	南边界	东边界	北边界	净收支	纬向	经向
3—5 月	4.75	1.63	−7.28	1.41	0.51	−2.53	3.04
6—8 月	9.75	45.8	2.86	4.91	63.32	12.61	50.71
9—11 月	3.28	4	−8.3	0.76	−0.26	−5.02	4.76
12—翌年 2 月	3.29	0.18	−5.43	0.34	−1.62	−2.14	0.52
雨季	4.2	7.12	−5.7	1.78	7.4	−1.5	8.9
冬季	3.14	0.26	−5.77	0.37	−2	−2.63	0.63

当忽略地表状况的影响时，水汽输送辐合可分为风场辐合项和湿度平流项。在风场辐散或干平流过程占主导时，风场辐散会造成水汽输送的辐散，干平流同样也会引起水汽输送辐散，从而不利于形成降水；而受风场辐合和湿平流影响时，则均利于水汽输送辐合，产生降水。图 3.6 分别给出高原雨季和冬季平均风场辐合项和水汽平流项，据此可以对比风场辐合项及

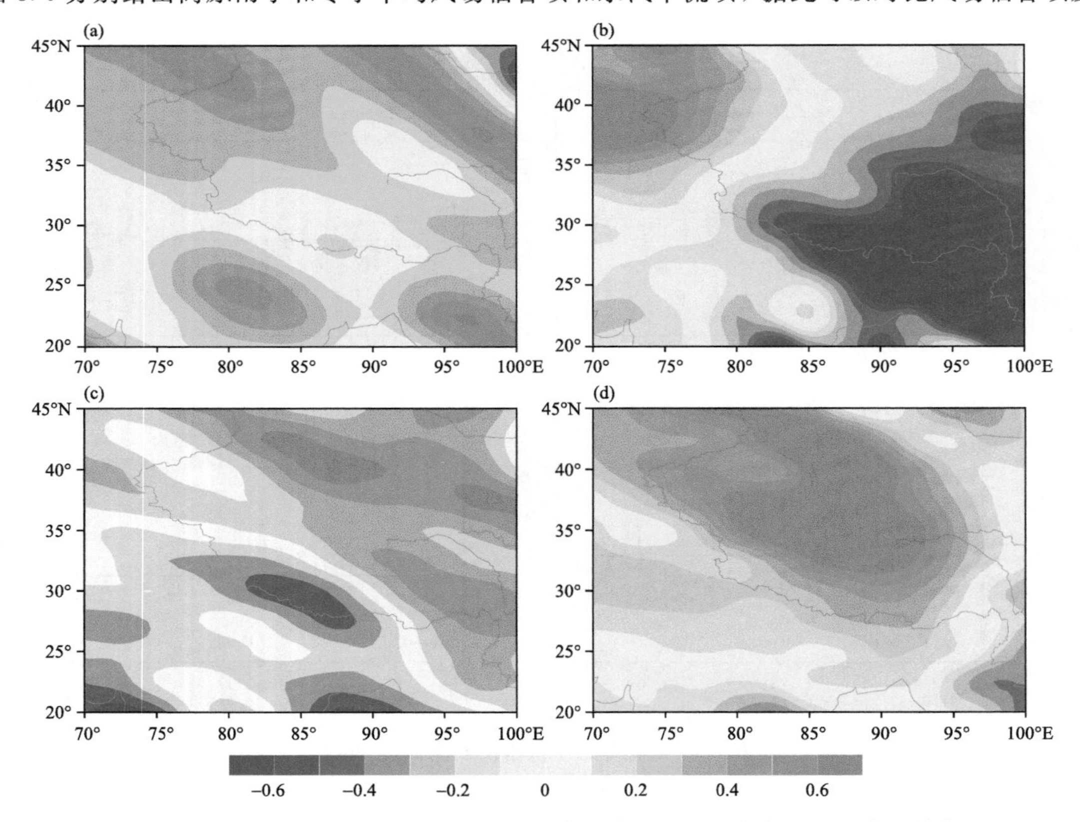

图 3.6　雨季(a,b)和冬季(c,d)水汽输送辐合的风场辐合项(左)及水汽平流项(右)(单位：mm/d)

水汽平流项对不同季节降水的贡献差异。其中雨季时期(图 3.6a,b)高原大部地区的风场辐合项为正,而水汽平流项为负,表明高原雨季时期的水汽输送辐合是风场辐合项的贡献,水汽输送辐散则由于平流所致。进入冬季(图 3.6c,d),高原东北部风场辐合项为正,而西南部风场辐合项则为负,特别在位于西南侧的喜马拉雅山脉为异常负中心,可能主要由于地形的影响所致,整个高原地区的水汽平流项则一致为正;在高原东北部,冬季的水汽输送辐合是由风场辐合和水汽平流项的共同作用,而在高原西南侧,冬季主要由湿平流输送带来水汽辐合,风场辐散对该区域的水汽输送辐合产生抑制作用。

3.4　基于多源数据集的降水特征

3.4.1　空间分布

本节采用上述多套降水数据集,针对高原雨季(5—9 月)和冬季(12—翌年 2 月)两个时段,分析多源降水资料对高原降水空间变化的刻画能力及其差异性。

首先根据站点观测资料显示的雨季降水空间分布(图 3.7)表明,降水自东南向西北逐渐减少、呈阶梯带状分布,雨量空间差异明显,高值区位于横断山—松潘高原之间,该区域平均海拔高度低于 4000 m,可同时受来自东南和西南向水汽输送影响,雨量在 500 mm 以上;然而位于青藏高原西北部的柴达木盆地,深居内陆,因南部昆仑山脉等高大地形的阻挡作用,来自低纬热带海洋的水汽很难抵达,雨季累积雨量不足 50 mm。多套降水资料可体现出高原雨季降水自北向南逐渐增加的阶梯状分布,ERA5 和 MERRA2 在量级上存在明显高估,相比实际观测平均偏高 200 mm,在高原东南部的大值中心量级和实况差异较大;JRA-55 对高原中西部地区和东南边缘地带的降水量级估计过高,GPCP 对高原南侧估计过高,高原北部则较吻合;CRU、GPCC 和 CMAP 的降水空间分布格局、高低值中心及降水量级和实测的一致性均较好。

进入冬季(12 月—翌年 2 月),高原降水量级锐减,平均降水量 10 mm 左右,量级相对较高的高原东南侧,位于长江、黄河和澜沧江源区可达 15 mm 以上,而高原中北部昆仑山脉以北冬季降水量仅 5 mm 左右(图 3.8)。图 3.8(b—f)为基于多套格点资料计算的青藏高原冬季降水的气候态空间分布图,不同于雨季,各套资料对降水量级均存在不同程度的一致高估,其中 GPCC 自东南向西北减少的空间分布格局同实况最接近,GPCP 次之,CRU、CMAP 对高原西部降水估计过高;再分析资料对冬季降水量高估幅度较大,其中 JRA55 高估整个高原区域的降水,CFSR 次之;ERA5、CFSR 和 MERRA 对高原东南部降水存在明显高估的现象。

表 3.3 给出了不同时段基于多源资料和站点观测的高原区域平均值对比结果,高原区域平均年降水量实测值为 498.7 mm,GPCP 资料为 505.9 mm,相对误差最小,仅 1%,CMAPstd 为 510.3 mm,相对误差 2%,这两套资料年降水量最接近实测值;其次为 CFSR、CRU、CMAPenh 及 GPCC,相对误差可控制在 20%左右,其中 CFSR 高估 14%,而 CRU、GPCC、CMAPenh 均一致低估;JRA55、MERRA2 和 ERA5 则过度高估,JRA55 资料的相对误差接近 2 倍。高原雨季实测降水量为 403 mm,占全年降水的 81%,CFSR 资料的雨季降水占全年的比率偏低,仅 38%,其余各套资料的比率均在 80%左右,说明多数资料可以刻画出青藏高原干湿分明的年内降水分配特征;其次,GPCP 的雨季降水量和实测最接近,为 400.3 mm,相对误差仅 −1%,CRU、GPCC、CMAP 对雨季降水低估 21%～25%,CFSR 低估 46%,ERA5 高估 79%,

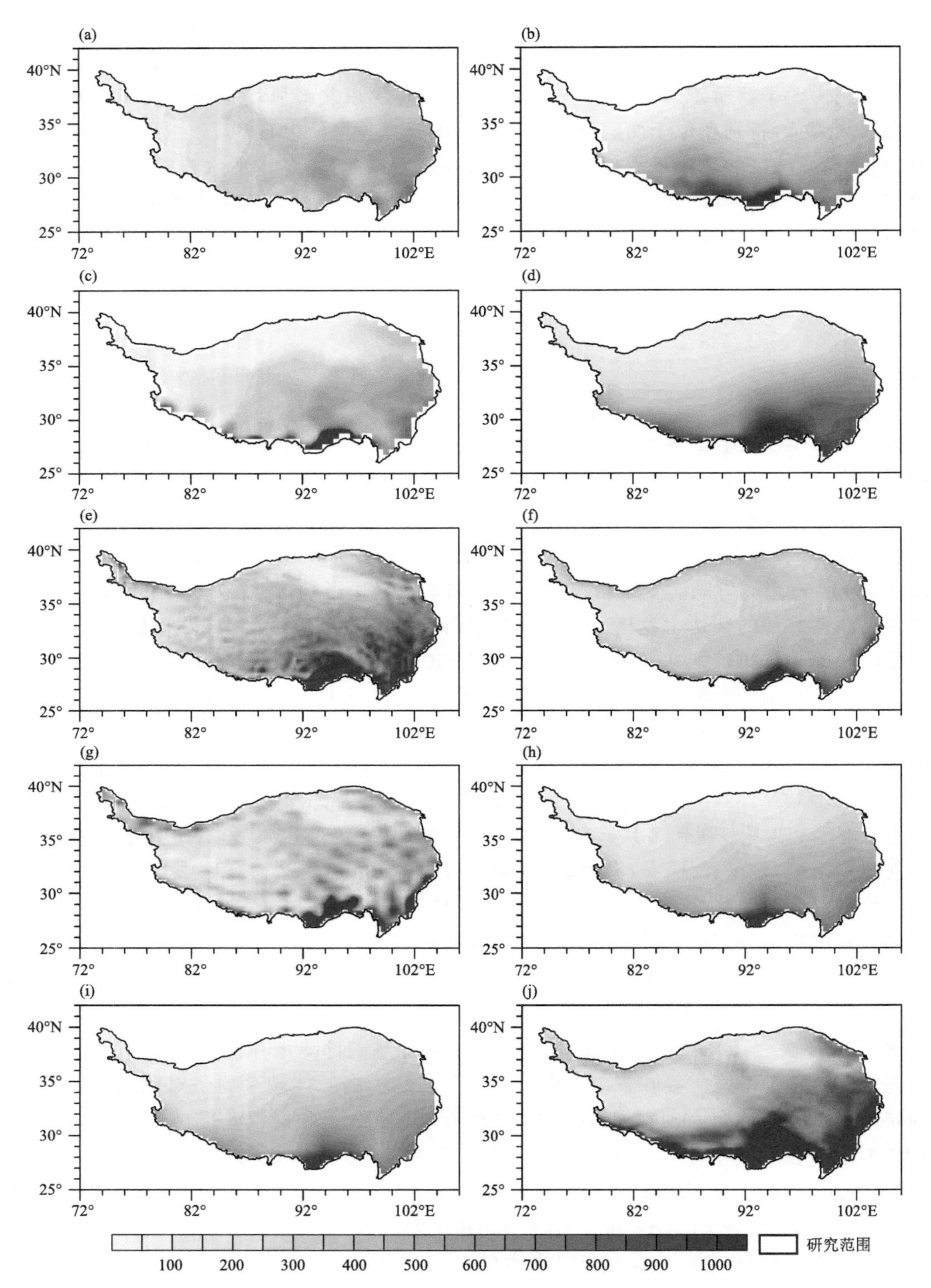

图 3.7 青藏高原气候态雨季(5—9 月)降水量空间分布图(单位:mm)
(a)OBS;(b)CRU;(c)GPCC;(d)GPCP;(e)ERA5;(f)JRA55;(g)CFSR;
(h),(i)CMAP;(j)MERRA2(下述类似图注与此相同)

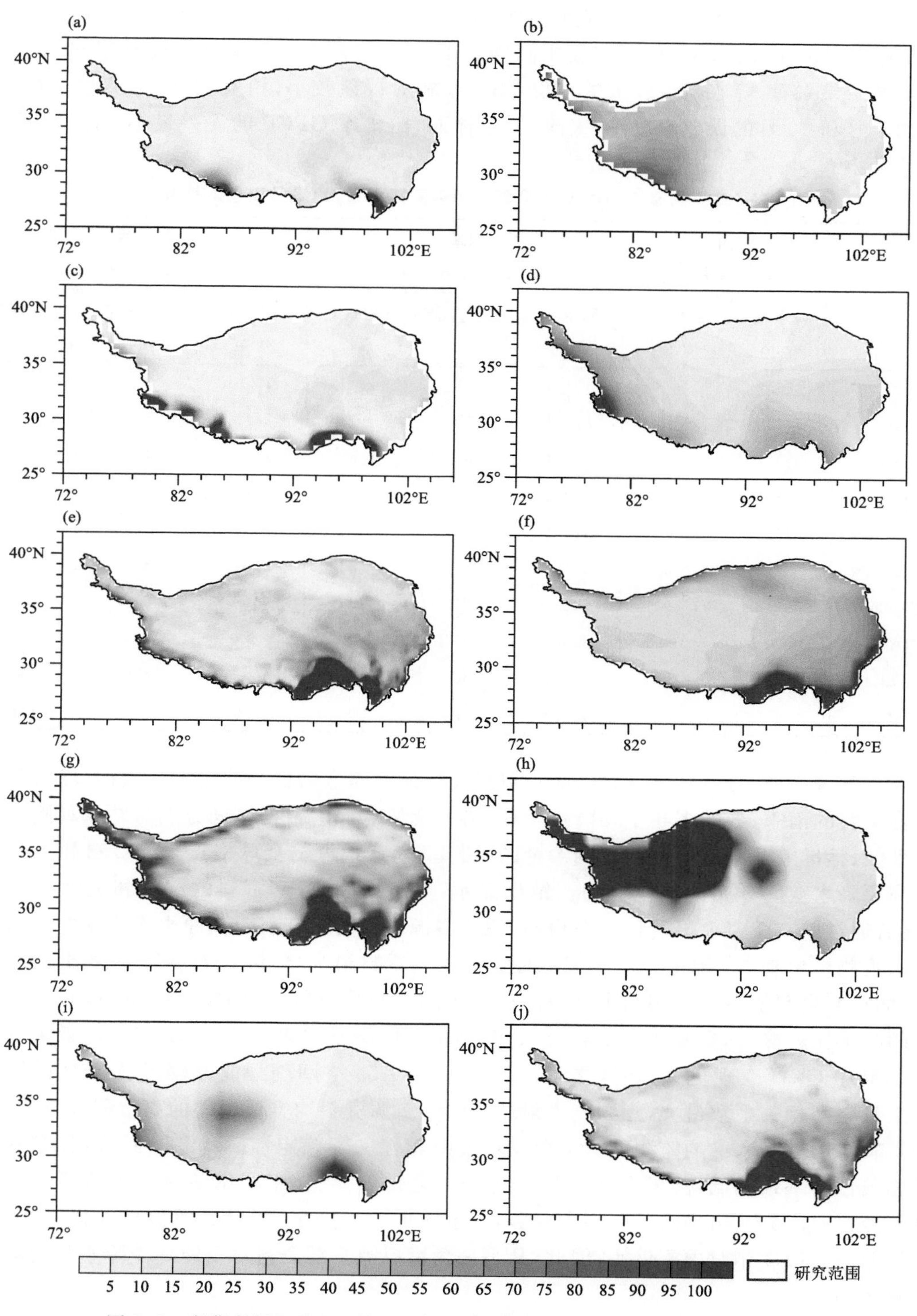

图 3.8　青藏高原冬季(12 月—翌年 2 月)降水量气候态分布图(单位:mm)

JRA55 更是过高估计雨季降水量，相对误差达 112%。对于冬季降水，平均 13.6 mm，仅占年雨量的 3%，多源对冬季降水一致高估，如 JRA55 甚至高估 7.8 倍，CFSR 次之，为 2.6 倍，GPCC 和实况最接近，为 14.9 mm，较实测偏高 10%。从各套资料对全年逐月降水比率和误差的对照结果来看，降水量级较大的月份，如雨季相对误差较小，相反，冬季的误差较大，过渡月份如 4 月和 10 月的误差也较小(表略)。总体而言，雨季 GPCP 的误差最小，而冬季 GPCC 的误差最小。

表 3.3　高原不同时期多源资料和实测降水量、比率及误差对比表

类别	全年(1—12 月)		雨季(5—9 月)			冬季(12 月—翌年 2 月)		
	降水量/mm	相对误差/%	降水量/mm	占全年比率/%	相对误差/%	降水量/mm	占全年比率/%	相对误差/%
OBS	496.2	—	403.4	81	—	13.6	3	—
CRU	401.8	−19	319.1	79	−21	21.1	5	55
GPCC	369.7	−25	302.4	82	−25	14.9	4	10
GPCP	505.9	2	400.3	79	−1	24.2	5	78
CMAPstd	510.3	3	318.1	62	−21	25.2	15	85
CMAPenh	393.6	−21	311.5	79	−23	20.4	5	50
ERA5	892.3	80	722.2	81	79	44.8	6	229
JRA55	1037.2	109	856.3	83	112	119.3	8	777
CFSR	570.6	15	219.1	38	−46	48.7	8	258
MERRA2	812.8	64	639.3	79	59	36.9	4	171

根据青藏高原台站经纬度信息，通过双线性插值将格点数据插值为站点数据，然后分别计算各套资料的雨季、冬季多年平均降水序列，将各套格点降水数据序列分别与站点观测值求取相关系数、标准差及均方根误差得到泰勒图(图 3.9)，定量评估全球格点观测资料和再分析资料对高原降水空间分布的刻画能力。结果显示，对于雨季，各套资料的空间相关性在 0.4 以上，显著通过 0.001 以上显著性水平检验，说明多源高分辨率资料对高原雨季降水的空间分布格局同观测结果基本一致，其中 GPCC 的空间相关系数最高(0.992)且标准差之比(0.24)最小，因而该套资料能更准确刻画出高原雨季降水的空间分布特征，CRU、GPCP 和 ERA5 三套资料的结果比较接近，空间相关系数为 0.872～0.915，标准差之比为 0.51～0.75，效果仅次于 GPCC，其中 CRU 表现更优，相比之下，CFSR 和 JRA55 空间刻画能力较弱，CFSR 的标准偏差最大且空间相关系数最大，刻画能力最弱；此外，多源资料均方根误差的离散程度较大，表明不同资料对雨季降水量的监测能力仍存在较大差异性和不确定性。就冬季而言，各套资料的空间相关性均一致偏低，甚至不足 0.3，且标准差之比整体偏大，可见冬季多源格点降水资料对高原降水空间分布格局的刻画能力极弱，这也印证了上述定性结论，但值得一提的是，其均方根误差的离散度相对雨季偏小，因此，从另一角度反映多源资料对高原冬季降水量的刻画能力一致较弱。

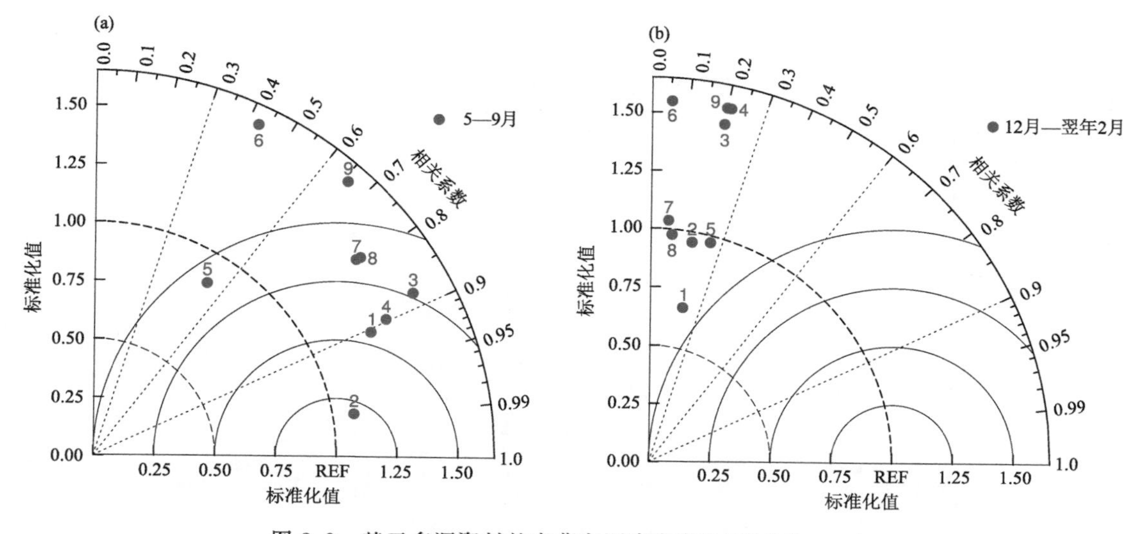

图 3.9　基于多源资料的青藏高原降水泰勒图(单位:mm)

(a)雨季;(b)冬季

(1—CRU;2—GPCC;3—GPCP;4—ERA5;5—JRA55;6—CFSR;

7—CMAP-std;8—CMAP-enh;9—MERRA2)

3.4.2　时间演变

据上述分析可知,高原降水具有明显的年内演变和年际变化特征,能否合理反映出这些变率特征是评估降水资料的一个重要方面,首先来分析各套资料的年内变化特征,图 3.10 给出基于多套资料的高原年内逐月气候态降水量,线条分别代表不同资料,柱状图为台站观测值,由图可直观发现,JRA55、ERA5 和 MERRA2 三套再分析资料的各月降水量均比实测值偏大,对高原雨季降水存在一致高估的现象,JRA55 高估最突出,在降水量级最大的 7 月,甚至偏差高达 150 mm 以上,MERRA2 次之,ERA5 虽有高估但偏差明显减小,这同 ERA 第四代资料(ERA-Interim)对我国中西部降水存在系统性低估的结论不同。相反,全球观测资料 CRU、GPCC、CMAP 和实测值的偏差,相比再分析资料普遍偏小,其中 GPCP 的降水率和实测最接近,王丹等(2017)通过对比 CRU 和 GPCP 降水资料后发现,在 110°E 以西高海拔地区,GPCP 比 CRU 更加吻合,对旱涝时空变化的特征描述更好。值得注意的是,再分析资料 CFSR 同实测的偏差在干湿季时期表现不同,10 月至翌年 5 月干季时期,CFSR 较实测值偏大,从而高估干季降水率,而湿季 6—9 月则偏小,由此表明 CFSR 的稳定性较差。

图 3.11 直观给出基于多套降水资料的雨季和冬季降水历年演变曲线。对于雨季降水(图 11a),GPCC、CRU 和实测较接近;MERRA2、ERA5 和 GPCP 对历年雨季降水量均一致高估,MERRA2、ERA5 存在过度高估现象,分别高估约 300 mm 和 200 mm 左右;CMAP、JRA55 和 CRU 则以低估为主,CFSR 的偏差同样不稳定,存在明显的年代际变化,21 世纪之前相比实测值偏低,进入 21 世纪后转为高估且偏差幅度增大。就冬季而言,各套资料一致呈现高估的现象(图 3.11b),但资料间的偏差量级存在差异,ERA5、CFSR、CMAP 三套资料相当,较实测值偏高的幅度最大,CRU、GPCC、GPCP、JRA55 更接近实测值,MERRA2 居于两组之间,由此可见,再分析资料对冬季降水的估计一致过高,偏差较大,这可能是由于再分析资料中有关地

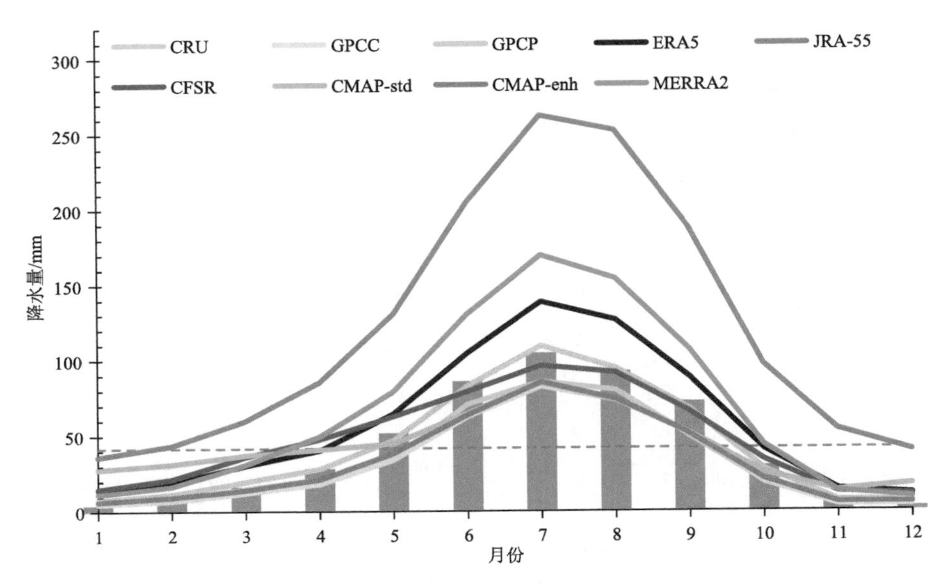

图 3.10　基于多套资料的青藏高原逐月气候态降水量(单位:mm)
(灰色柱状为基于台站的实测资料,红色虚线为年平均值,各条实线为基于多套资料的格点陆面降水资料)

形模拟的影响所带来的较大偏差。已有研究发现,ERA-Interim 和 NCEP1 这两套早期的再分析资料对青藏高原降水与观测结果在年际和年代际特征上较为一致,但明显高估该地区降水量级(李建 等,2010)。

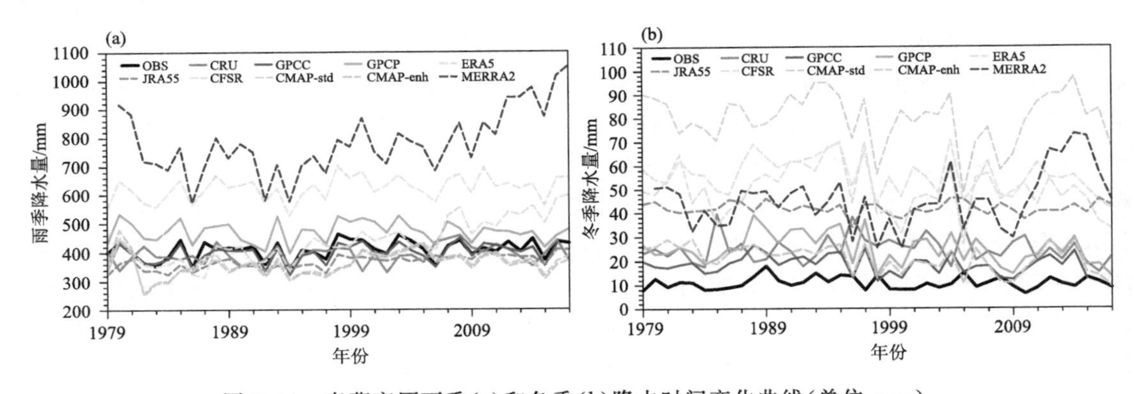

图 3.11　青藏高原雨季(a)和冬季(b)降水时间变化曲线(单位:mm)

根据多套资料同实测值的时间序列相关结果(表 3.4),各套资料对青藏高原年际演变特征的描述较好,相关系数可达 0.5 以上,通过 0.001 显著性水平检验,GPCC 同实测降水的关系最稳定,在全年和雨季/冬季时期,相关系数均在 0.98 以上,GPCP、CRU 和 ERA5 次之,相关度基本相当,且雨季通常高于冬季,ERA5 降水量级虽整体偏高,但降水年际变率或振幅变化同实测序列较吻合,雨季和干季相关系数在 0.8 以上;比较来看,JRA55、CFSR 和 MERRA2 对降水年际变化的刻画能力最弱。此外,各套资料均方根误差结果显示,GPCC 和 GPCP 的可靠性更高,无论是雨季还是干季时期,均方根误差一致偏小,MERRA2 和 ERA5 的均方根误差较大,可信度较低。

表 3.4　各套资料在不同时期降水量和实测值的相关系数及均方根误差

资料名称	1—12 月		5—9 月		12 月—翌年 2 月	
	相关系数	均方根误差/mm	相关系数	均方根误差/mm	相关系数	均方根误差/mm
CRU	0.88	30.6	0.92	33.5	0.89	1.8
GPCC	0.98	25.3	0.99	23.2	0.98	0.7
GPCP	0.89	28.4	0.88	37.2	0.92	5.6
ERA5	0.82	385	0.91	249.5	0.86	26.3
JRA-55	0.62	166.6	0.53	174.6	0.25	15.3
CFSR	0.53	222.7	0.43	114	0.77	20.7
CMAP-std	0.76	46.9	0.79	35.3	0.89	3.6
CMAP-enh	0.76	44.3	0.79	37.2	0.92	2.6
MERRA2	0.63	683.2	0.66	522.1	0.53	22.9

近些年，在我国西北气候暖湿化背景下，多源资料对高原降水变化趋势的刻画能力如何？以雨季降水为例，计算高原上所有站点或格点降水的线性趋势并进行显著性水平检验，如图 3.12 所示，实测雨季降水（图 3.12a）在高原大部区域呈现出增加趋势，其中高原西北部增加趋势显著（打点区），通过 0.05 显著性水平检验；各套资料均能反映出高原大部降水增加趋势的主要特征，GPCC 资料所体现的趋势特征同实测最吻合，降水增加/减少趋势的落区甚至显著增加的区域均同和实测相一致；各套资料中降水增加幅度较实测均偏大，其中 JRA55、MERRA2、CFSR 三套资料的增幅和实测相比偏差较大，GPCP、CMAP 在高原南部呈现减少趋势，和实测中该区域的上升趋势不符。高原冬季降水趋势结果表明（图略），高原东北部呈增加趋势，而西南部则为减少趋势，多数资料也基本能刻画出这种特征，其中 CRU 和实测最接近，幅度和范围较为吻合；相比雨季降水，高原冬季降水的变化趋势较微弱，这点在 CRU、GPCC、ERA5 资料中体现相对较好。

近些年来在气候增暖背景下降水极端性日益增强，接下来分析多源资料对降水异常的刻画能力。将降水年际序列经标准化后的值大于 1.0（小于 −1.0）定义为异常偏湿（干）年，同样以雨季和冬季为代表，根据标准分别统计雨季时期的干湿年及冬季的多雪、少雪典型年（表略），1961—2018 年期间，雨季降水异常偏多共出现 13 年，GPCC、GPCP、CRU 和 ERA5 资料中的异常年匹配度最高，可准确获取 70%以上的异常偏多年份，其余资料基本相当，匹配年份为 5～7 年份，占一半左右；对于偏干的年份，实测共出现 8 个异常偏干年，GPCC 和 GPCP 两套资料均可完全获取到，ERA5 次之，CRU 则最差，仅 1 年相一致。总体而言，GPCC、GPCP 和 ERA5 对高原雨季异常旱涝年的刻画能力较好，更适用于研究高原雨季降水年际异常特征，而 CRU 和 MERRA2 的则较差。对于冬季降水，各套资料的刻画能力一致较弱，无论偏干或偏湿年，同实测的一致性非常低，最优效果的匹配度仅 42%，这可能和高原冬季降水变率较强有关。

根据上节分析可知，全球降水观测资料对高原年际尺度降水变化具有一定刻画能力，是否能获取到年代际特征？有必要进行探讨，将历年降水序列进行高斯低通滤波处理后（图 3.1），高原雨季实测降水年代际变化特征明显，20 世纪 80—90 年代为偏少期，自 90 年代末转入多

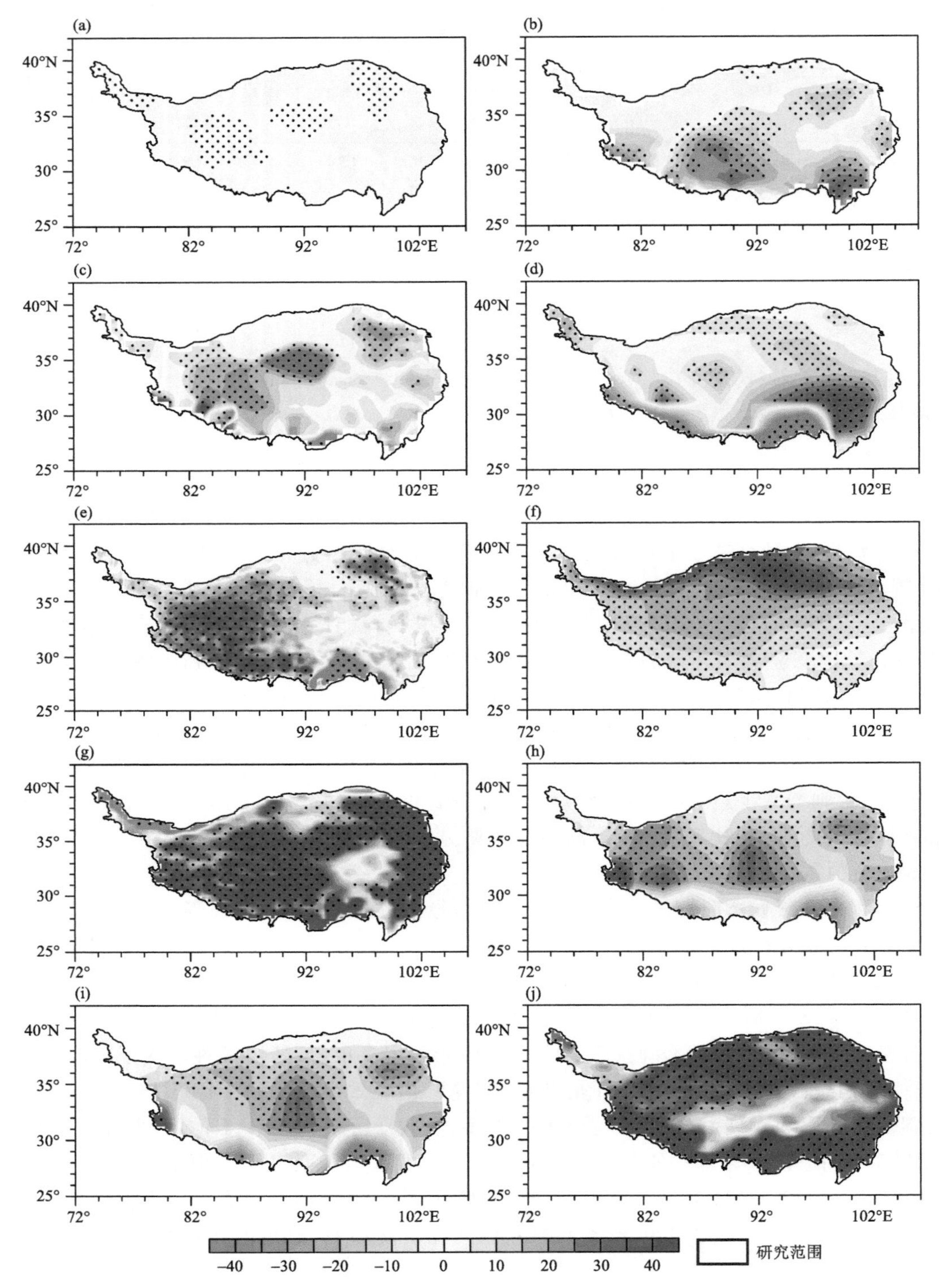

图 3.12　1979—2018 年青藏高原雨季降水趋势分布图(单位:mm/(10 a))
(打点区为通过 0.05 显著性水平检验)

雨期，90年代末至2006年为波动上升期，2007年后进入稳定持续上升期，施雅风等提出的21世纪初西部转入暖湿化背景，高原作为气候变化敏感区和启动区，会提前进入湿润化状态，在此得以印证。GPCC、ERA5、JRA55、CFSR、CMAP和MERRA2均能刻画出上述高原雨季降水的年代际特征，其中ERA5所表现出的年代际特征同实测更加吻合，包括20世纪80—90年代的波动式偏少和进入21世纪初的波动和持续上升状态。GPCC在80—90年代的偏少期和实测类似，转入偏多期后振荡幅度较实测偏大。ERA55、CFSR、CMAP和MERRA2则表现出由稳定偏少向持续偏多的转折，稳定偏少期内所呈现的状态同实测有所差异。CRU和GPCP所体现的年代际特征同实测差异较大，CRU在20世纪80年代偏少，80年代末转入年代际偏多并持续，同时在21世纪初期前几年降水出现回落，和实测正好相反；GPCP的年代际特征同实测几乎整体相反，仅在90年代后期至21世纪初期的偏多时段和实测一致。对于冬季（图略），实测降水量在20世纪80年代以偏少为主，80年代末—90年代持续偏多，进入21世纪再次转为偏少期，GPCC、GPCP、ERA5、JRA55、CFSR、CMAP和MERRA2资料均能较好再现冬季降水的年代际特征，GPCC、GPCP、ERA5的效果最佳，CRU资料的年代际特征则不明显，其刻画能力较弱。

3.5　结论

本章采用气象台站观测资料和基于观测的全球降水数据集和降水再分析数据，细致对比分析多源高分辨率降水数据集对刻画青藏高原降水特征的差异性，主要结论列举如下。

（1）多源数据集能刻画出青藏高原干湿季分明的典型特征，其中再分析资料较实测降水量偏高，尤其对高原雨季降水存在一致高估的现象，相反，全球观测资料则一致低估，但偏差幅度较小；多源数据集对冬季降水的刻画能力相对较弱，存在普遍高估的现象。

（2）误差分析显示，对于高原年总降水量，GPCP和CMAP的相对误差在2%以内，其次为CFSR、CRU及GPCC，相对误差控制在20%左右，JRA55、MERRA2和ERA5则过高估计，JRA55的相对误差最大，接近2倍。对高原雨季降水GPCP和实测最接近，相对误差仅−1%，CRU、GPCC、CMAP对雨季降水低估21%～25%，CFSR低估46%，ERA5高估79%，JRA55过高估计雨季降水量，相对误差达112%。

（3）降水空间分布特征对比结果表明，多源数据集能反映出雨季降水自北向南增加的阶梯状分布，GPCC和ERA5同实况最相似，GPCP对高原东南部的降水大值区存在高估情况，偏高近200 mm，但在高原其他区域和实测接近；ERA5空间分布高值和低值中心较一致，但整体明显高估降水量级。GPCC更能获取到高原降水空间分布特征，CRU对降水空间分布特征的刻画能力也较理想，且雨季的效果好于干季；GPCP的空间相关系数也较高，接近0.9；JRA55降水资料在各个季节同实测的空间相关性均较低，空间刻画能力最弱。

（4）就时间变化趋势而言，各套资料均能反映出高原大范围地区雨季降水呈增加趋势的主要特征，GPCC资料所展示的趋势特征和实测最接近，显著增加区域和实况几乎重合，ERA5次之；但各套资料的增加幅度较实测均偏大，其中JRA55、MERRA2、CFSR三套资料的增幅和实测相比偏差较大。冬季降水在高原东北部呈增加趋势，而西南部为减少趋势，多数资料能刻画出这一特征，其中CRU和实测最接近，幅度和范围较为吻合；相比雨季降水，高原冬季降水的变化趋势较微弱，这在CRU、GPCC、ERA5资料中体现较好。

（5）GPCC、ERA5、JRA55、CFSR、CMAP 和 MERRA2 均能刻画出高原降水的年代际特征，其中 ERA5 同实测最吻合。CRU 和 GPCP 所体现的年代际特征同实测差异较大，CRU 在 20 世纪 80 年代偏少，80 年代末转多并持续，但在 21 世纪初出现回落，和实测正好相反；GPCP 的年代际特征同实测几乎整体相反，仅在 90 年代后期至 21 世纪初期的偏多时段和实测一致。GPCC、GPCP、ERA5、JRA55、CFSR、CMAP 和 MERRA2 资料均能较好再现冬季降水的年代际特征，GPCC、GPCP、ERA5 的效果最佳，CRU 资料的年代际特征则不明显，其刻画能力较弱。

第 4 章　青藏高原冬季降雪变化特征及相关环流

4.1　引言

青藏高原冬季降雪在年代际尺度上与东亚冬季风系统存在显著相关（董文杰 等，2001；Xu et al.，2017）。冬季北极涛动（AO）正（负）位相和青藏高原降雪东多（少）西少（多）分布型具有很好的对应关系（覃郑婕 等，2017）。高原北部冬季降雪变化受到北大西洋涛动（North Atlantic oscillation，NAO）和东亚西风急流的共同影响（Cuo et al.，2013）。中纬度西风异常可通过自高原向北太平洋的气温平流激发绝热上升运动，配合低纬南风异常带来大量水汽，为高原冬季降水提供有利条件（Sampe and Xie，2010）。影响高原东部降雪的典型天气尺度环流型包括北脊南槽型、乌山脊型、阶梯槽型（梁潇云 等，2002）。受高原大地形影响，来自印度洋的暖湿气流通常无法直接进入高原腹地，而是沿喜马拉雅山南麓东进，于高原东部横断山脉北上到达唐古拉山和巴颜喀拉山一带（孙秀忠 等，2010）。由此可见，高原强降雪事件的形成与高、中、低纬度环流系统、水汽输送和遥相关模态等均有不同程度的联系，然而，气象因子间存在复杂的非线性相互作用且在季内尺度上具有不稳定性（封国林 等，2006；丁瑞强 等，2009），因此，高原冬季降雪的形成机制较为复杂。

回顾已有研究，青藏高原冬季气候异常受多种因子的影响，但尚缺乏系统性的认识，高原降雪存在显著的年际和年代际变化特征，不同时间尺度的影响系统不同，本章将重点关注年际变化部分。

4.2　资料和方法

本章所用气象站点观测资料来自中国气象局国家气象信息中心所提供的逐日、逐月降雪观测数据，选取青藏高原 86 个站点，时间范围自 1961 年 1 月至 2020 年 12 月。格点降水资料来自全球降水气候中心（Global Precipitation Climatology Center）研制的陆地格点化的降水数据集 GPCC，水平分辨率为 1.0°×1.0°，自 1901 年开始（Becker et al.，2011，2013）。再分析资料包括两类：(1)美国国家环境预报中心和大气研究中心（National Centers for Enviromental Prediction/National Center for Atmospheric Research，NCEP/NCAR）提供的逐月环流场资料（Kalnay，et al.，1996），包括位势高度场、经向和纬向风、比湿、垂直速度和气温场，水平分辨率为 2.5°×2.5°，时间范围自 1948 年 1 月至 2021 年 2 月；(2)美国国家海洋大气局（National Oceanic and Atmospheric Administrator，NOAA）提供的 ERSST（Extended Reconstruction

Sea Surface Temperature)第三版海温资料(Smith and Reynolds,2003),水平分辨率为 2.0°×2.0°,时间范围自 1854 年 1 月至 2021 年 2 月。指数资料来自 NOAA 的 CPC(Climate Prediction Center)提供的 AO/NAO 指数,时间范围自 1950 年 1 月开始。本章中冬季定义为 11 月、12 月、翌年 1 月和 2 月(NDJF)。

本章所用数理方法主要有通过公式(2.7)—(2.14)计算降雪集中度和集中期,以及 EOF 分析、相关分析、合成分析、差值 t 检验和回归分析。

4.3 青藏高原冬季降雪特征

4.3.1 时空变化特征

图 4.1 为青藏高原冬季降雪空间分布、时间演变及其小波分析图。由图 4.1a 可见,高原冬季降雪量级较小且空间分布不均匀,东南部量级高于西北部,位于巴颜喀拉山以南—横断山脉一带的高原东南部为降雪高值区,可达 20 mm 以上,而高原北部和西部降雪较少,如柴达木盆地量级不足 5 mm。对于时间演变(图 4.1b),冬季降雪量呈线性增加趋势,加速率为 0.735 mm/(10 a),显著通过 0.001 显著性水平检验,通过计算各站历年降雪变化趋势系数,有 87%的站点呈增加趋势,仅高原东北侧和西南侧的零星站点为减少趋势(图 4.1c),同时冬季降雪的年代际特征和年际振荡增强,20 世纪 60—80 年代为持续偏少期,90 年代转入偏多期且年际振荡明显。

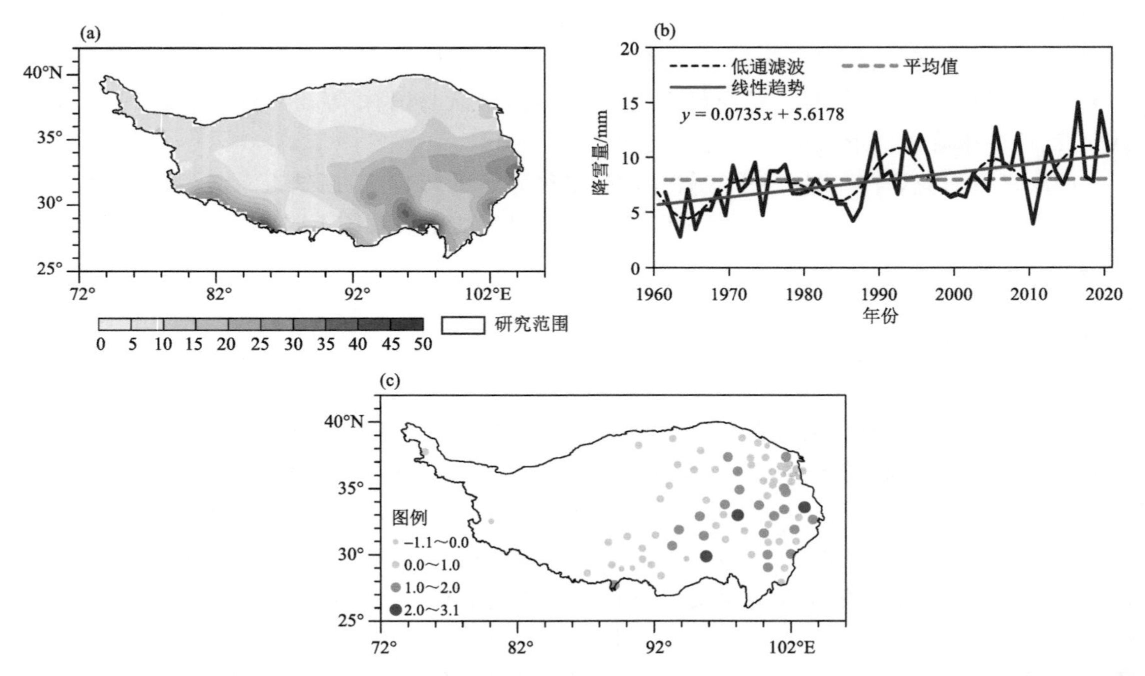

图 4.1 青藏高原冬季降雪量空间分布图(a)、时间演变图(b)、降雪变化趋势空间图(c)

青藏高原冬季各月降雪分配情况为 11 月、12 月、1 月和 2 月平均降雪量依次为 4.5 mm、1.7 mm、2.6 mm 和 4.0 mm，初冬 11 月量级最大，2 月次之，高原极端强降雪事件通常出现于初冬和初春，初冬时期降水量级大，因此成为雪灾高发期(刘玉莲 等，2012)。

冬季内各月间降雪关系较独立(表 4.1)，除了 11—12 月降雪具有持续相关性，其余各月间几乎完全相互独立。整个冬季的降雪量同逐月降雪的关系密切，均通过 0.01 显著性水平检验，其中整个冬季和 11 月降雪的关系最密切，相关性达 0.759，通过 0.001 显著性水平检验，同 2 月的相关性次之，但同 1 月的关系最弱，这主要由各月的降雪贡献所决定；11 月和前冬降雪的关系高于 12 月，1 月和后冬降雪的关系高于 2 月，前冬和冬季降雪关系较后冬更为密切。由此表明，冬季降雪多寡是由前冬来决定，而前、后冬的降雪贡献分别是 11 月和 1 月较大。

表 4.1　青藏高原冬季和逐月降雪相关系数表

时段	冬季	11 月	12 月	1 月	2 月	11—12 月	1—2 月
冬季	1	0.759***	0.506***	0.486***	0.586***	0.815***	0.726***
11 月		1	0.294*	0.042	0.246	0.928***	0.185
12 月			1	−0.002	0.176	0.630***	0.109
1 月				1	0.062	0.036	0.781***
2 月					1	0.270*	0.672***
11—12 月						1	0.193
1—2 月							1

注：*，**，*** 分别表示通过 0.10，0.05，0.001 显著性水平检验。

冬季各月降雪历年时间变化曲线由图 4.2 给出，各月降雪年际变率均较大，11 月、12 月降雪呈微弱增加趋势，增加速率分别为 0.17 mm/(10 a)和 0.08 mm/(10 a)，1 月和 2 月降雪增加显著，分别以 0.30 mm/(10 a)和 0.29 mm/(10 a)的速率增加，均通过 0.05 的显著性水平检验。与此同时，各月降雪的年代际特征也较明显，11 月降雪在 20 世纪 80—90 年代处于偏少期，其余时段在平均值上下小幅波动，主要以年际变化为主，年代际变化相对较弱；12 月降水先经历 60—70 年代的偏少期、80—90 年代偏多期、90 年代至 2010 年代再次转入偏少期；1 月降雪大体经历两个阶段，60—80 年代偏少期和 90 年代以后的偏多期；2 月和 1 月年代际变化非常一致，都是在 90 年代转入多雨期。可见近些年高原冬季降雪增加是由后冬 1—2 月降雪变化所主导。

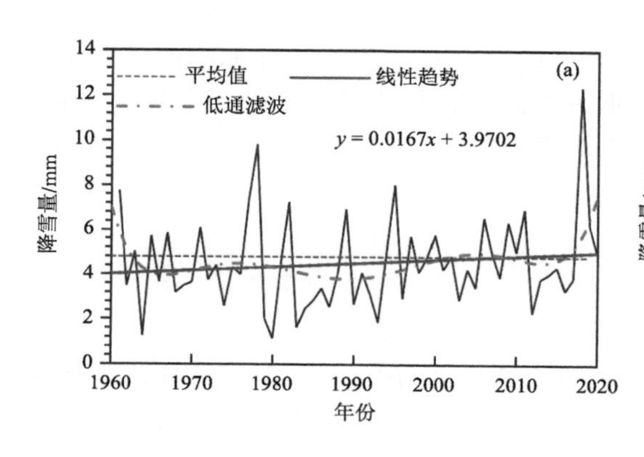

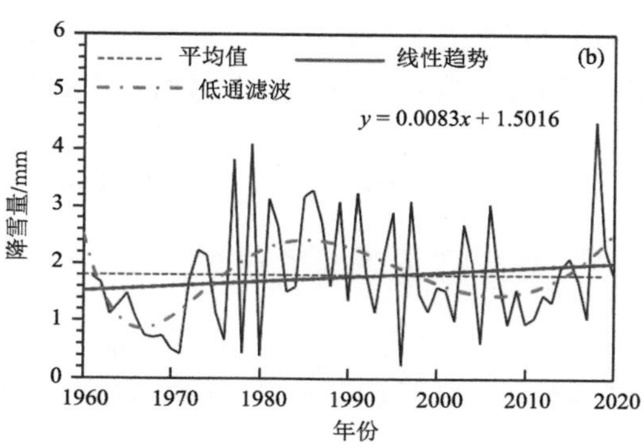

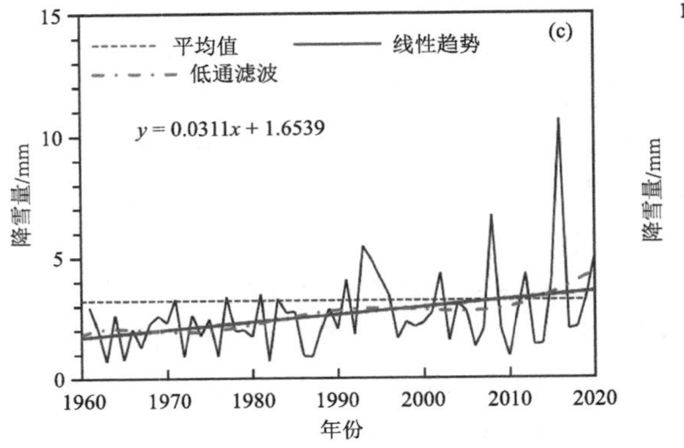

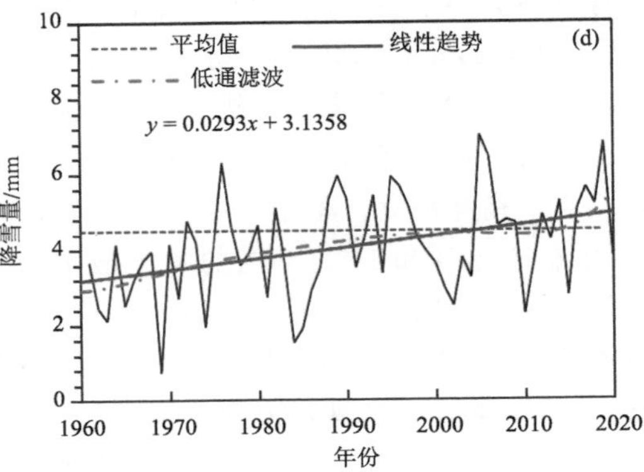

图 4.2　1961—2020 年青藏高原冬季逐月降雪时间演变

(a)11 月；(b)12 月；(c)1 月；(d)2 月

4.3.2　降雪非均匀性

根据前面章节分析可知，高原降水不仅表现在年内分配不均，呈现出干湿季节分明，存在明显的雨季和干季之分或旱涝急转现象；同时空间分布不均，如高原北部或腹地和东南部降水量级悬殊较大；此外，高原降雪的年际变率也普遍较大。由此可见，高原地区降水的时空非均匀性特征较典型，对于雨季时段，降水多集中于盛夏时期，但就冬季而言，大量级或持续性降雪过程直接诱发高原雪灾，前冬和后冬均时有发生，但降雪时段随机且分散，非均匀性特征异常突出，杨远东(1984)等早期提出将径流量看作矢量提出一种度量水资源年内非均匀分配的方法，客观定量反映了年内非均匀分配的特性。张录军等(2004)基于该思路，在长江流域旱涝灾害研究方面利用降水集中度和集中期指标，来定量地表征降水量在时空场上的非均匀性，提取出最大降水重心对应的时段，进而分析旱涝灾害发生的基本特征及其形成机制。在此借鉴降水集中度和集中期的定义和方法，根据公式(2.7)—(2.14)对高原冬季降雪在时空尺度上非均匀性特征进行分析，为高原冬季雪灾预测提供参考。

通过计算高原冬季降雪集中度和集中期的逐年变化曲线(图 4.3)显示，降雪集中度在 40%～75%幅度之间变化，呈逐年微弱下降趋势。值得注意的是，降雪集中度具有明显的年代际特征，近 60 年来经历了“偏高—低—高”的年代际波动，20 世纪 60—70 年代集中度偏高，多数年份可达 60%以上；而在 80—90 年代集中度明显下降，普遍降至 50%以下；进入 21 世纪后，集中度再次升高，意味着 21 世纪以来高原降雪事件更集中。图 4.3b 是集中期的逐年变化曲线，高原降水集中期总体呈微弱的推迟趋势，但更突出的特征为集中期的年际振荡非常大，多年平均降雪集中期出现在 1 月 3 日(入冬后第 64 天)，历年波动范围在 12 月 7 日—翌年 1 月 24 日，年代际变化也不明显，近几年集中期明显提前。

4.3.3　高原冬季降雪主模态特征

图 4.4 给出了青藏高原冬季降雪前三个主模态的空间型及其时间系数，累积方差贡献为 40.6%，经 North 检验(North et al.，1982)，前三模态之间相互独立。第一模态方差贡献为 25.9%，反映高原冬季降雪全区一致型特征，第一模态对应的时间系数 PC1 和青藏高原区域

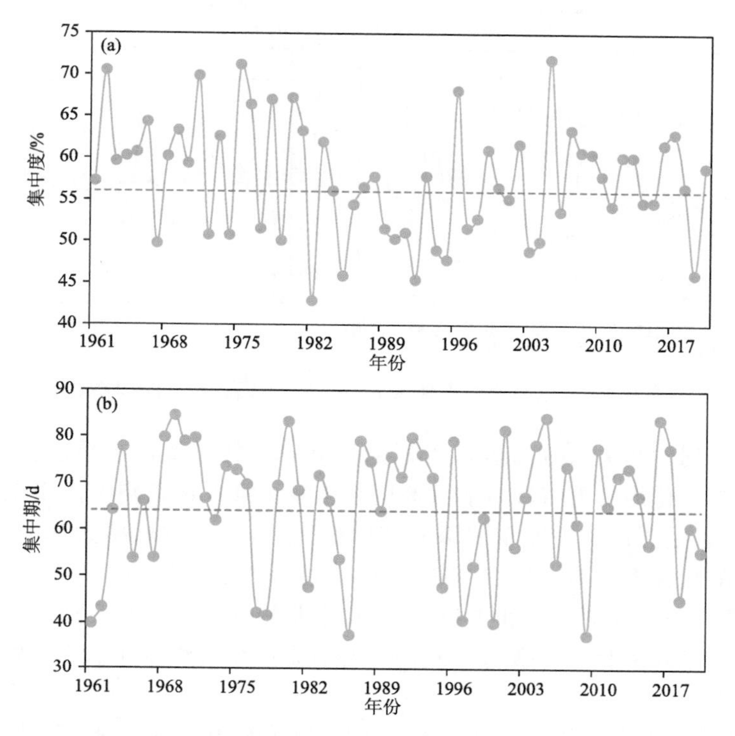

图 4.3　青藏高原冬季降雪集中度(a)和集中期(b)历年变化曲线
(虚线为多年平均值)

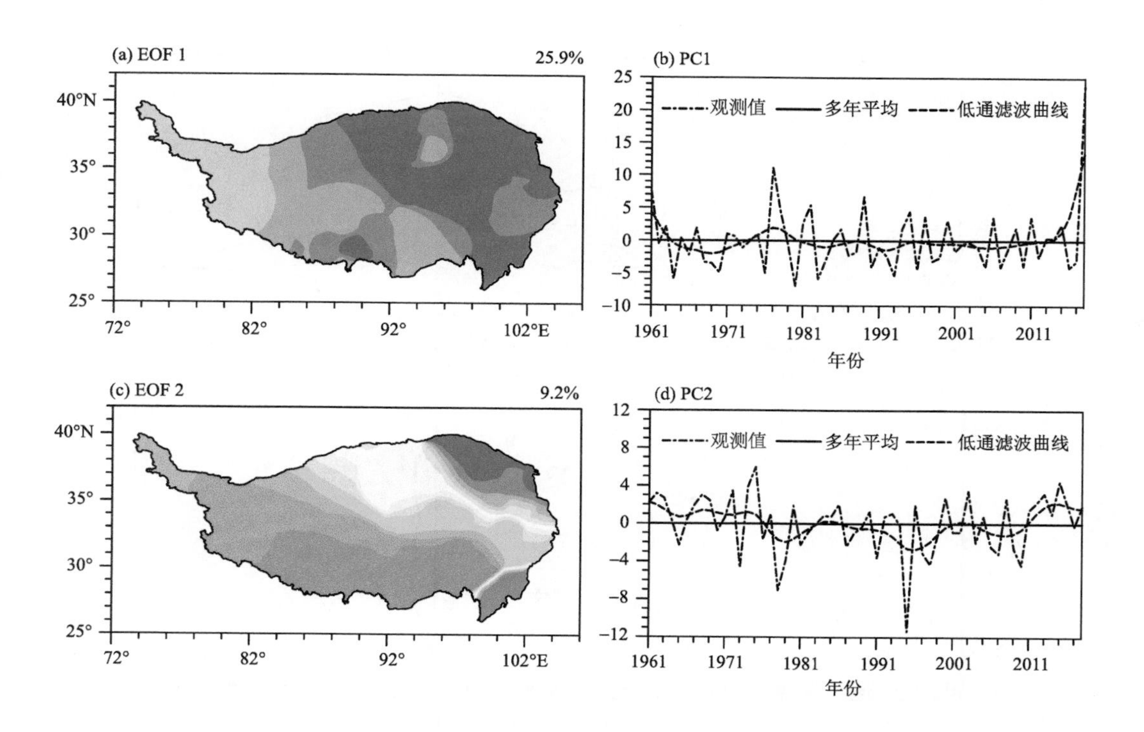

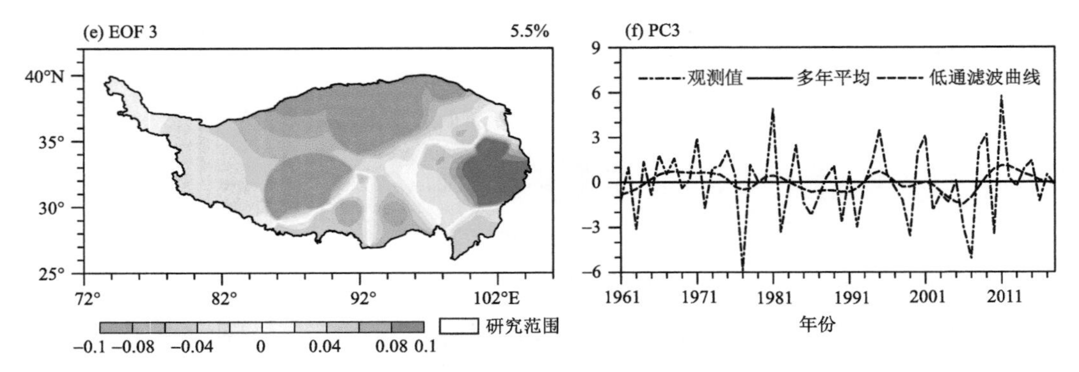

图 4.4 青藏高原冬季降雪 EOF 前三主模态及其时间系数

平均降雪量时间序列的相关系数高达 0.887，通过 0.001 的显著性水平检验，因此，用 PC1 来分析高原冬季降雪变化的主要特征具有很高的可信度。第二模态则大体表现为东北—西南反向型，高荷载异常区主要位于高原东北部和东南部区域，方差贡献率为 9.2%，PC2 同高原区域平均降雪序列的相关系数为−0.348，通过 0.01 显著性水平检验。第三模态自北向南大致呈楔形分布，主要表现为高原南部和中部反向、和东北侧一致的特征，方差贡献率近 5.5%，同高原区域平均降水序列的相关系数为−0.110，远未通过显著性水平检验，表明这种分布型仅是历史上少数情况。

与此同时，青藏高原冬季降雪具有较明显的年际和年代际变化特征，小波分析结果显示(图 4.5)，PC1 具有 2～6 a 的年际短周期特征，且在 20 世纪 60 年代和 21 世纪 10 年代这种短周期更显著，另外，还存在 14～20 a 的显著长周期，尤其在 20 世纪 60—80 年代这种年代际信

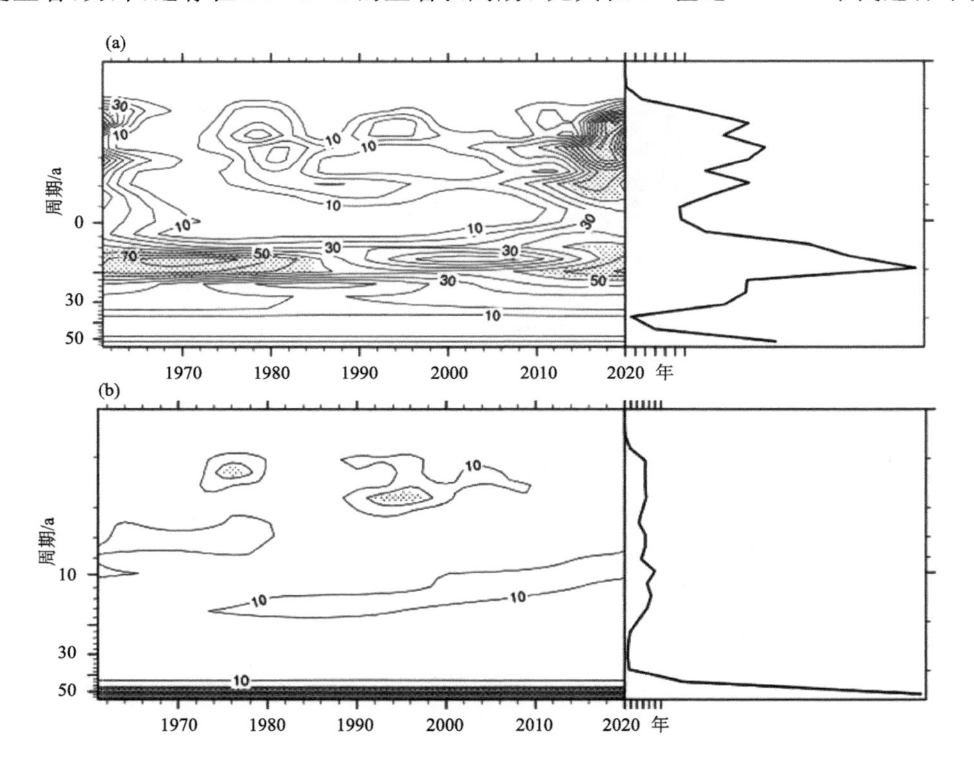

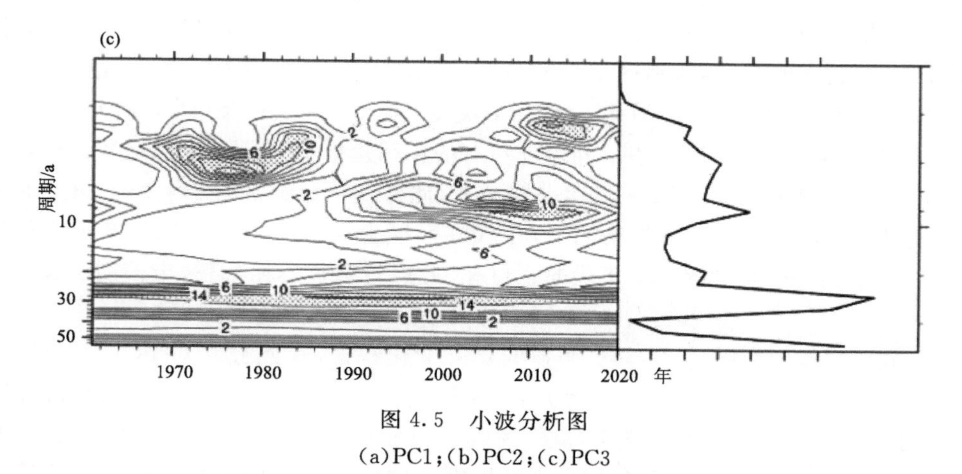

图 4.5　小波分析图

(a)PC1;(b)PC2;(c)PC3

(阴影区为通过 95%的置信水平检验,左侧等值线为局地小波功率谱,右侧为全小波谱)

号表现最显著,PC1 的年代际特征在 9 a 滑动平均曲线中也有所体现,60—80 年代以负位相为主,代表高原冬季降雪处于一致偏少的年代际背景中,进一步通过滑动 t 检验发现 PC1 于 1988 年发生明显突变,于 80 年代末转入偏多背景(图 4.6a)。PC2 存在准 3 a 左右的显著周

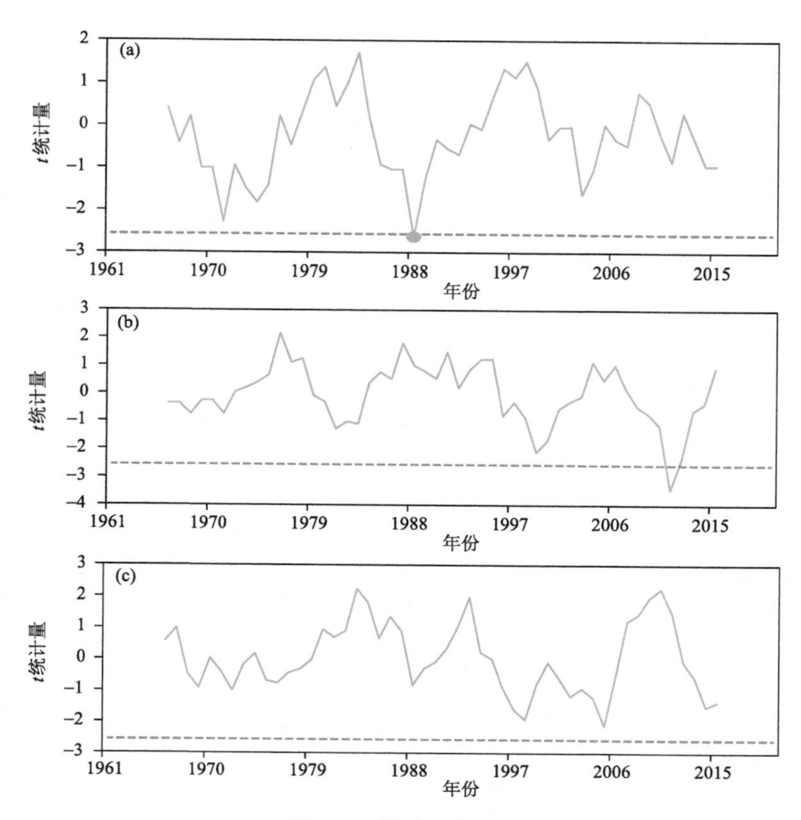

图 4.6　滑动 t 检验图

(a)PC1;(b)PC2;(c)PC3

(水平虚线代表 95%的置信水平检验)

期，但仅在70年代和90年代较突出，PC2在60—80年代期间以正位相为主，代表在此期间高原降水易出现东北部偏多、其余地区偏少的分布格局，20世纪90年代—21世纪10年代转为偏少期，经滑动t检验，PC2在2011年发生明显突变，再次转为正位相(图4.6b)。PC3的周期特征较明显，20世纪70—80年代存在准4 a左右的年际短周期，进入21世纪后，8～10 a周期显著，同时在21世纪10年代准3 a周期也较显著，此外，整个研究时段内26～28 a的长周期特征显著；总体而言，PC3的年际振荡明显，年代际尺度上大致经历20世纪60—80年代正位相、80—90年代负位相、21世纪10年代的正位相、此后转为负位相，但并未检测出显著突变点(图4.6c)。

根据上节结果，高原冬季降雪具有明显的年际变化特征，在此分别对PC1和PC2提取年际信号，即从原序列中剔除高斯9点平滑后的年代际分量得到高原冬季降雪的年际变化分量PI1和PI2(图4.7)，以±1.0倍的标准差作为降雪异常的标准。1961—2020年期间，对于第一模态的全区一致型，高原冬季存在9个全区异常多雨年和11个异常少雨年份；而第二模态东北—西南反向型，共有8年份是东北多—西南少的异常型，9年份则是东北少—西南多的异常型(表4.2)。

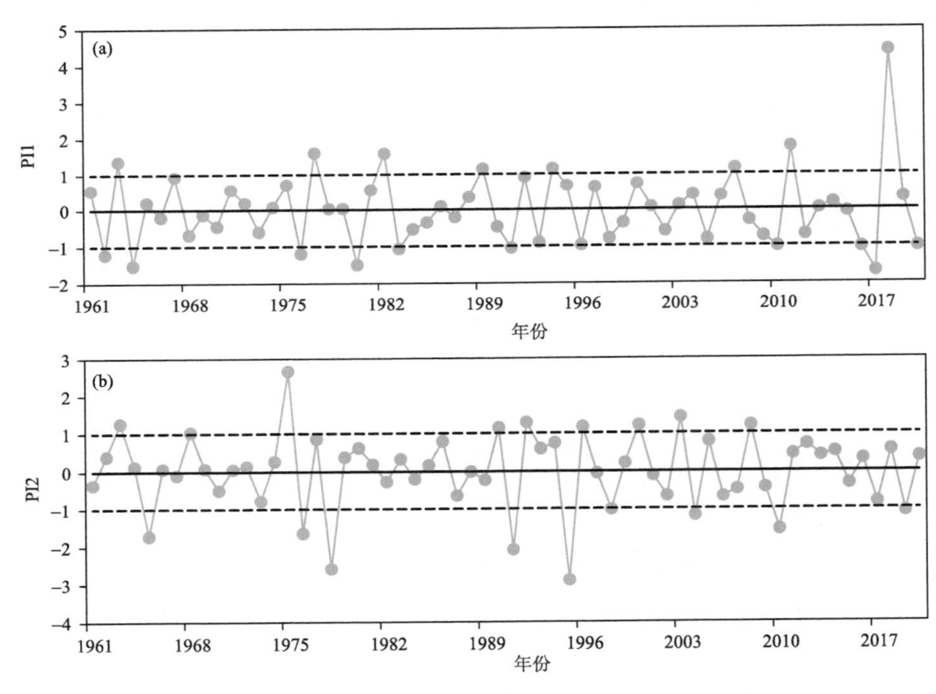

图4.7　青藏高原冬季降雪前两个主模态年际变化时间序列

表4.2　青藏高原冬季降雪典型异常年份对照表

	PI1	PI2
正位相	1963,1977,1982,1989,1994,2007,2011,2018	1963,1975,1990,1992,1996,2000,2003,2008
负位相	1962,1964,1976,1980,1983,1991,1996,2010,2016,2017,2020,	1965, 1976, 1978, 1991, 1995, 1998, 2004, 2010,2019

图 4.8 和图 4.9 分别给出基于 GPCC、ERA5 和 CRU 资料的冬季降雪前两个主模态，对比来看，CRU 资料的空间型特征同实测相吻合，时间系数变化特征也比较一致，PC1 的年际变率突出，而 PC2 具有明显的年代际变化特征；而 GPCC 和 ERA5 前两个模态的空间型分布同实测差异较大。

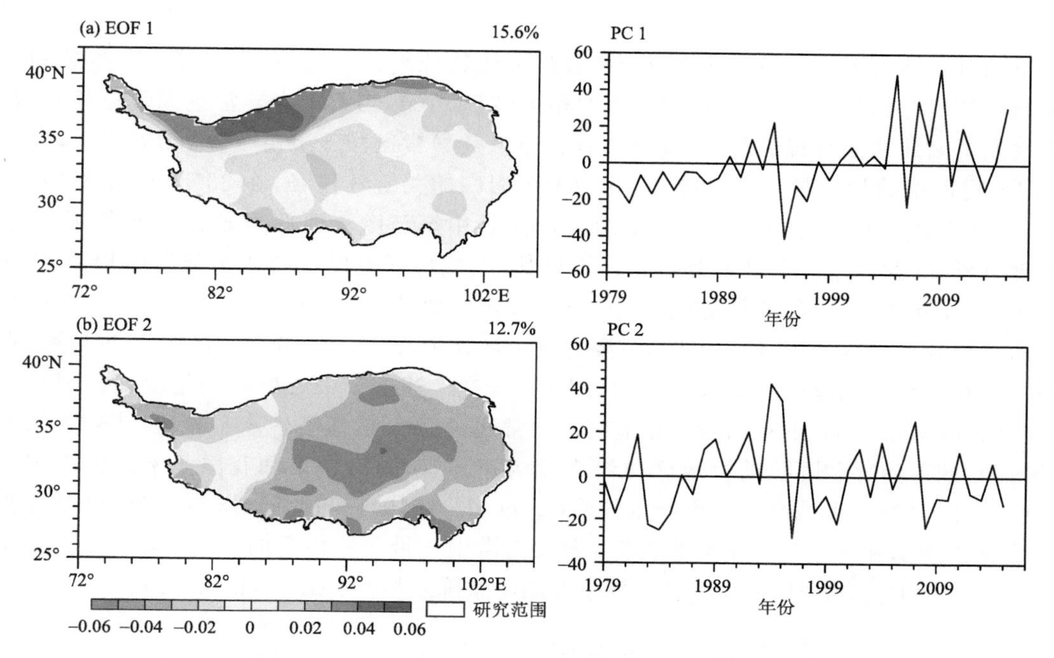

图 4.8　基于 GPCC 的冬季降水前两个 EOF 模态空间型(左列)及其时间系数(右列)

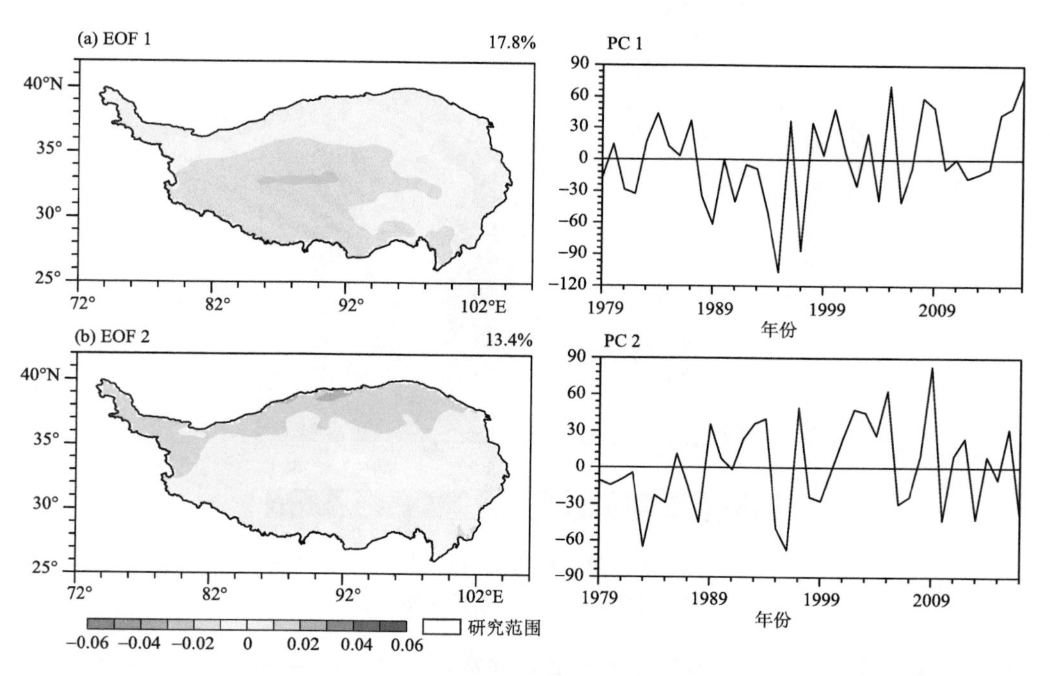

图 4.9　同图 4.7，但为 ERA5 资料

4.4 高原冬季降雪年际异常的关键环流系统

4.4.1 环流异常特征

下面针对降雪第一主模态异常对应的典型环流特征展开讨论，首先计算 PI1 指数和青藏高原所在纬度范围(20°—40°N)垂直剖面的相关(图 4.10)，当 PI1 为异常正或负位相时，在高原上空及其南北两侧呈现显著的正压结构，高原上空异常区位于 500～150 hPa 之间，尤其在 300 hPa 附近层的相关最显著。图 4.10 为 PI1 回归的关键环流场，在 300 hPa 高度场上(图 4.11a)，欧亚大陆上空呈"＋－＋"分布型波列，从地中海至欧洲西部为显著正异常，中亚地区为高度负异常，我国东北至日本海为显著正异常，上述特征类似于欧亚南部型遥相关(Southern Eurasia，SEA)。已有研究表明，冬季 SEA 遥相关型是 NAO 和东亚天气气候产生联系的重要途径(Xu et al.，2012；Li，2016)，主要有五个活动中心：欧洲西南部、中东、阿拉伯海、青藏高原/中国西南、东北亚(Li et al.，2019)，图 4.11a 在上述五个中心所在的位置均出现异常特征，尤其是欧洲西南部、中东和东北亚地区的异常通过 99%的显著性水平检验。冬季 SEA 正位相时，欧洲西南部和阿拉伯海地区位势高度为正异常，同时中东和我国西南地区出现负异常，利于中国西南和青藏高原冬季降水偏多(Li et al.，2019)。与此同时，冬季 NAO 负异常会引起欧洲西南部和中东地区的辐散异常，激发出沿副热带急流传播的罗斯贝波(Watanabe et al.，2002)，进而通过增强 SEA 负异常导致西南冬季降水偏少(Xu et al.，2012)。

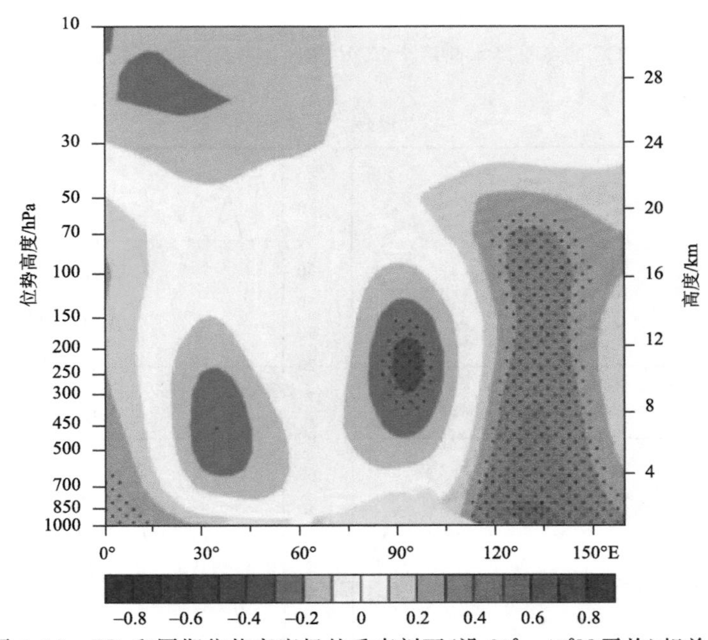

图 4.10 PI1 和同期位势高度场的垂直剖面(沿 20°—40°N 平均)相关图

(打点区为通过 95%置信水平检验)

海平面气压场上(图 4.11b)，极地为显著负异常，中纬度为正异常，对应 AO/NAO 正位相特征。200 hPa 矢量风场上(图 4.11e)，中纬度西风带区域内纬向风速明显减弱，其南北两侧

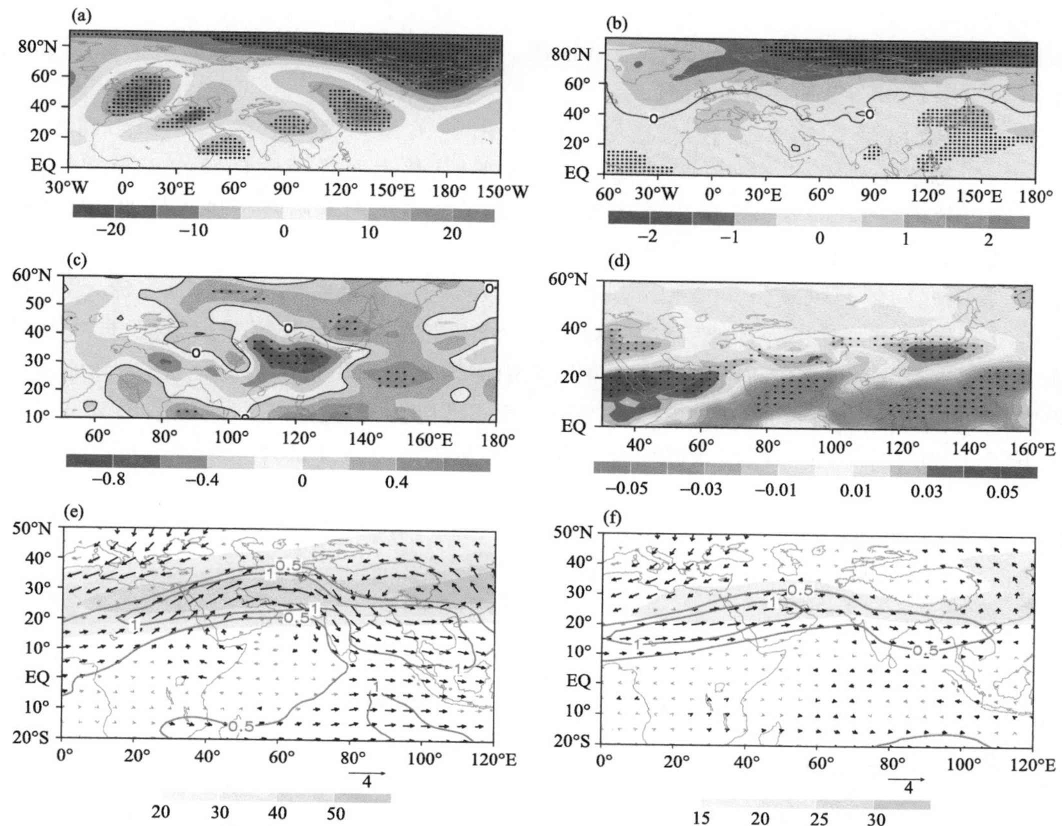

图 4.11　PI1 回归的冬季(a)300 hPa 位势高度(单位:gpm);(b)海平面气压(单位:hPa);(c)500 hPa 垂直速度场(单位:m・s^{-1});(d)500 hPa 比湿(单位:kg・kg^{-1});(e)200 hPa 矢量风(箭头)、纬向风场(填色)及其距平场(等值线)(单位:m・s^{-1});(f)同图 e,但为 500 hPa
(打点区、加粗矢量为通过 95%置信水平检验)

明显增强,其中高原上空纬向风显著减弱,高原以南显著增强;500 hPa 风场上(图 4.11d),高原上空为气旋性环流异常所控制,高原西侧和南侧为西风异常,东侧为南风异常,北侧为东南风异常,风场异常特征有利于水汽从阿拉伯海经孟加拉湾向北输送,进入高原地区,与此同时,我国东北至朝鲜半岛出现反气旋性环流异常,其南侧偏东风有利于引导来自西太平洋的水汽向中国内陆输送;在 500 hPa 垂直速度场上(图 4.11c),高原南北两侧分别为上升运动区和下沉区,高原南部高海拔地区受地形抬升作用影响,以上升运动为主,而东北部易受偏西北气流影响,盛行下沉气流,高原东侧—华北至朝鲜半岛存在大范围显著上升运动区;与此同时,从对流层中层的比湿场上可以发现,沿北非—阿拉伯海—青藏高原—朝鲜半岛出现一条明显的正异常带,可见高原冬季的水汽输入可能分别来自阿拉伯海和西北太平洋偏西和偏东两条路径。

对水汽输送发挥关键作用的对流层低层环流受中高层大尺度环流的直接控制,PI1 对中高层水平风场进行回归的结果显示,在对流层高层(图 4.11e)东亚中东急流显著偏强,青藏高原位于急流入口区东侧,气流在高原西南侧向南转向,一支经由孟加拉湾—中南半岛转向北,在高原主体上空形成异常气旋中心,另一支向南并向西转向,在阿拉伯海—中东地区形成反气旋性环流,同时这种特征表现出很好的准正压性,在对流层中层 500 hPa 上(图 4.11f),青藏高原和阿拉伯海—中东地区分别为气旋和反气旋性环流异常控制，高原上空主要受偏南风异常所控制，有利于来自低纬的水汽向高原地区输送。张自银等(2008)的研究也曾发现中东急流的增强对中国冬季降雪偏多非常有利。

图 4.12 给出降雪第二主模态指数 PI2 回归的关键环流场，在 500 hPa 高度场上(图 4.12a)，欧亚大陆上空为“＋－＋”型波列式分布，从北大西洋至欧洲存在正异常带，一直延伸至乌拉尔山西侧，中亚至高原上空为负异常，利于冷空气沿偏西路径进入高原；海平面气压场上(图 4.12b)呈现出 NAO 正位相特征；200 hPa 纬向风场上(图 4.12c)，高原上空纬向西风增强，其南北两侧西风减弱；500 hPa 风场上(图 4.12d)，高原西侧为偏西风气流，遇到高原后产生分支气流，北支沿偏西风路径进入高原北部，南支在高原西南侧发生绕流，同太平洋的偏东气流在南海北部交汇后向北输送，在高原东南侧转为偏南风进入高原地区，为高原地区输送水汽；在 500 hPa 垂直速度场上(图 4.12e)，高原东北部为异常上升区，我国东部至日本海附近为下沉区，利于水汽在高原东北部辐合上升，从而造成高原东北部降雪偏多。

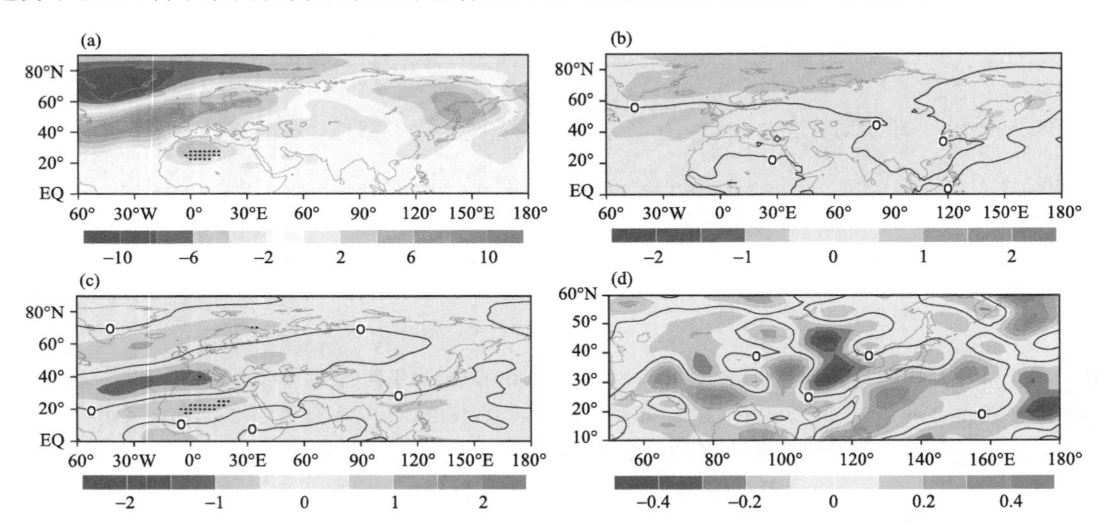

图 4.12 PI2 回归的冬季(a)500 hPa 高度场(单位:gpm)；(b)海平面气压场(单位:hPa)；(c)200 hPa 纬向风场(单位:m·s^{-1})；(d)500 hPa 垂直速度场(单位:m·s^{-1})

4.4.2 NAO 的影响

作为北半球热带外大气环流内部动力变率的主要模态，AO/NAO 对北美、北非、欧洲以及包括东北亚在内的亚洲中高纬地区冬季气候异常存在至关重要的影响作用。前人研究发现，AO/NAO 对中国冬季降雪具有重要影响，龚道溢和王绍武(2003)最早研究发现当冬季 AO 指数偏强时，中国大部分地区降水偏多，这种响应关系在 1 月更加突出(Wen et al.，2009)。根据上一小节分析结果，影响高原冬季降雪第一模态的类似 SEA 型遥相关及海平面气压场，同 NAO 具有密切联系。图 4.13 给出冬季 NAO 和降雪的相关分布图，北大西洋为显著正相关，中国大范围地区同样为正相关，高原及其东南侧均通过 99% 置信水平检验，表明 NAO 正位相有利于高原冬季降雪一致偏多。经统计冬季(11 月—翌年 2 月)的 NAO 指数和 PI1 的相关系数为 0.477，通过 0.001 的显著性水平检验，二者散点分布图(图 4.14)显示，共计 60 年份的统计样本中有 40 年份 NAO 同 PI1 保持同位相特征，占到 2/3，其余 20 年份中

NAO 弱位相年(小于 1 倍标准差)有 14 年份,信号较弱时关系不明显,可见 NAO 正负位相异常对高原冬季降雪的指示性非常明显。

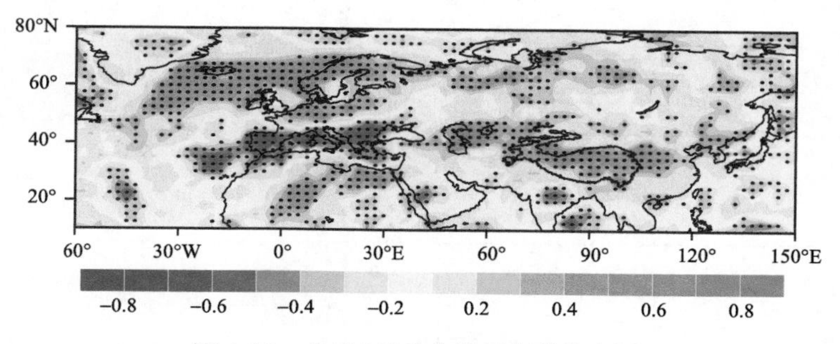

图 4.13　冬季 NAO 和降雪相关分布图

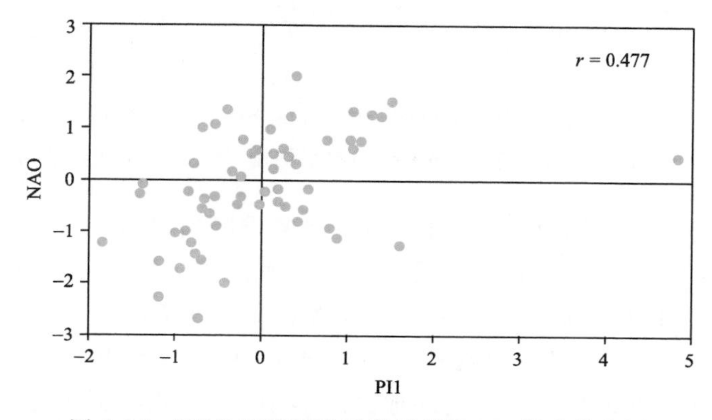

图 4.14　NAO 和高原冬季降雪指数 PI1 散点分布图

进一步筛选出历史上高原冬季降雪较典型的年份,PI1 典型正异常的 8 年中有 5 年正好对应 NAO 为典型正异常年,而相反 PI1 负异常的 11 年中有 8 年对应 NAO 典型负异常(表 4.3),由此更进一步表明,高原冬季降雪极端异常时,NAO 的影响作用会更加突出。

表 4.3　NAO 和 PI1 正负异常典型年对照表

类别	NAO	PI1
正位相年	1974,1975,1982,1988,1989,1991,1992,1993,1994,1999,2007,2011,2014,	1963, 1977, 1982, 1989, 1994, 1996,2007,2011,
负位相年	1962,1963,1964,1965,1968,1969,1970,1976,1977,1984, 1985, 1995, 2000, 2009, 2010, 2012, 2016,2017,2020	1962,1964,1976,1980,1983,1991,1996,2010,2016,2017,2020

接着我们将考察 NAO 对环流异常的影响及其同高原冬季降雪的联系,图 4.15 给出根据 NAO 正、负位相合成得到的 500 hPa 位势高度和 300 hPa 纬向风平均场及其异常场的水平分布。NAO 正位相时,500 hPa 位势高度异常场上,极涡偏强,东欧为负距平中心,北非西风槽(位于北非东部和中东地区)偏强,青藏高原地区为明显负异常区所覆盖,利于高原低涡的活跃,同时东北亚地区为正距平(图 4.15a),同 PI1 所回归的 500 hPa 高度场(图 4.13a)特征非常一致,波列结构和异常中心均较匹配,其中东亚大槽明显偏弱,中低纬地区为一致负异常区,

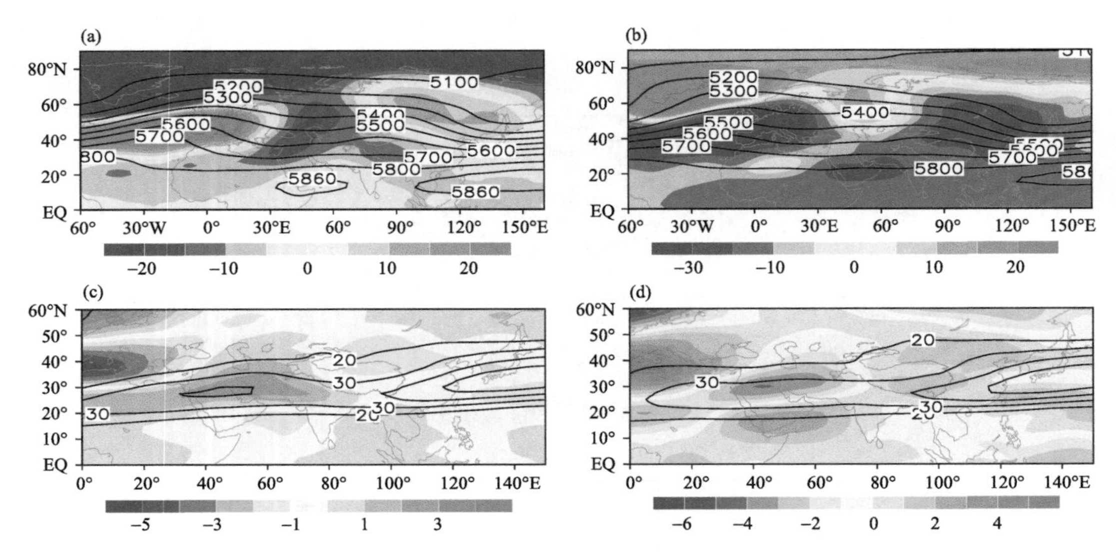

图 4.15　冬季 NAO(a)正和(c)负位相合成的 500 hPa 位势高度(a,b)(单位:gpm)和 300 hPa 纬向风(c,d)(单位:m・s^{-1})的平均场(等值线)及其距平场(阴影)

南支槽偏强,南支槽正好是西南水汽输送影响中国冬季降雪异常的一个重要系统(索渺清,2008);在对流层高层纬向风场上,高空急流入口区风速偏强,而急流出口区风速偏弱,中东地区为正距平中心,表明中东急流异常偏强,张自银等(2008)研究指出,中东急流的增强是中国南方冬季降水偏多的有利环流条件,根据以上分析可知,中东急流也有利于青藏高原地区降雪偏多。NAO 负位相时,30°N 以北的中高纬地区同 NAO 正位相特征正好相反,波列结构转为"－＋－"式分布,东亚大槽偏强,中低纬地区为大范围负异常,西风带槽脊系统整体较平直(图 4.15b),北非东部至阿拉伯海为负距平中心;与此同时,高层纬向风场显示急流入口区为风速负异常中心,中东急流偏弱,急流出口区风速增强。

利用 NAO 指数回归的对流层高层和中层的水平矢量风场(图 4.16)结果显示,NAO 正异常可使东亚高空急流显著增强,在阿拉伯半岛至阿拉伯海地区形成异常反气旋性环流,且这种

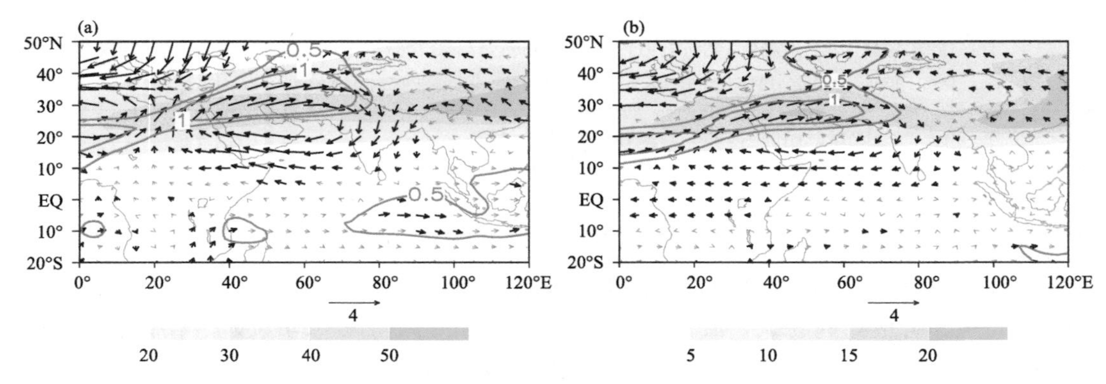

图 4.16　NAO 回归的冬季(a)200 hPa 和(b)500 hPa 水平风场(箭头)及其纬向风场(填色)(单位:m・s^{-1})
(加粗箭头和红色等值线表示通过 95%置信水平检验)

结构具有正压性，与此同时，进入高原的偏东气流增强，同 PI1 的回归结果相对比，上述特征非常类似甚至吻合。前人研究表明，冬季 AO/NAO 正（负）位相的出现，在对流层高层纬向风异常场上常会存在一支由北大西洋指向阿拉伯海北部的波列，这支波列可以引起中东急流的强（弱）变化和南北移动（Yang et al.，2004）。

水汽条件是制约高原冬季降水的最关键因素，对水汽输送发挥重要作用的对流层低层环流受中高层大尺度环流的直接控制。图 4.17 显示了根据 NAO 正负位相合成得到的 600 hPa 位势高度、比湿和纬向风异常的水平分布。NAO 正位相时，高度场异常特征和 500 hPa 上的一致，阿拉伯半岛附近为异常反气旋性环流，高原上空为异常气旋性环流所控制，阿拉伯海北侧的西南气流和高原南侧气流叠加后增强，在高原东南侧受来自西北太平洋的偏南气流引导向北转向并随之加强后进入高原，向高原地区输送水汽；比湿场显示出在印度半岛至阿拉伯海及菲律宾以东的西北太平洋地区出现正距平中心，高原为正异常区，该地区的水汽异常来源于西南风异常所带来的阿拉伯海和东南风异常引导的西北太平洋地区的水汽输送，由于阿拉伯海反气旋北侧的偏西风异常所带来的气流偏干，由此推测高原的主要水汽贡献是东南风异常所引导的来自于西北太平洋地区的水汽输送（图 4.17a）。对应于 NAO 负位相，阿拉伯海地区为气旋性环流异常，贝加尔湖附近也为显著气旋性环流异常，高原上主要受偏西风和辐散气流所控制，来自低纬的水汽很难进入高原，从而会导致该地区降水偏少。此外，NAO 所回归的高低层速度势和散度风（图略）同 PI1 的结果非常一致，特别在南海—西太平洋地区，高层辐散低层辐合非常一致，这可能和海温异常所引起的沃克环流调整有关。通过对比冬季降雪指数、NAO 指数分别与同期垂直速度场的相关剖面图（图 4.18）可以发现，二者具有很高的一致性，当 PI1 和 NAO 为正位相时，在对流层中低层，高原及以南地区均为上升运动，对流高层 200 hPa 以上则为显著下沉区。

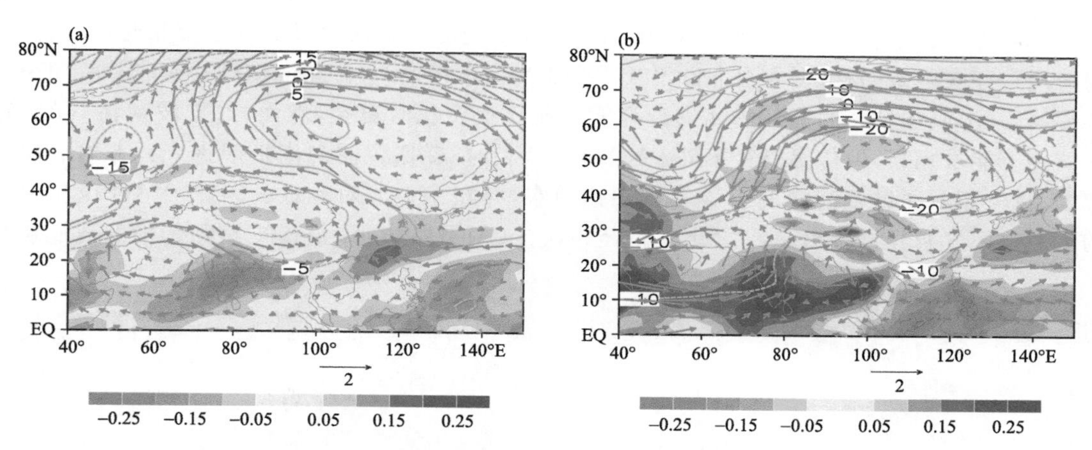

图 4.17　冬季 NAO(a)正和(b)负位相时合成的 600 hPa 矢量风场（矢量，单位：m^{-1}）、比湿场（阴影，单位：$10^{-5}kg \cdot kg^{-1}$）和高度场（等值线，单位：gpm）异常分布

综上分析，我们发现 NAO 通过类似 SEA 遥相关型、中东急流和阿拉伯半岛附近的环流异常和高原冬季降雪产生紧密的联系，那么 NAO 如何会引起这样的环流异常呢？这个问题值得进一步探讨。已有研究表明，AO/NAO 对东亚气候异常的影响与地中海-北非对流层高层辐散、亚洲副热带急流的波导作用有关，Watanabe 等（2002）结合观测分析和数值模拟试验

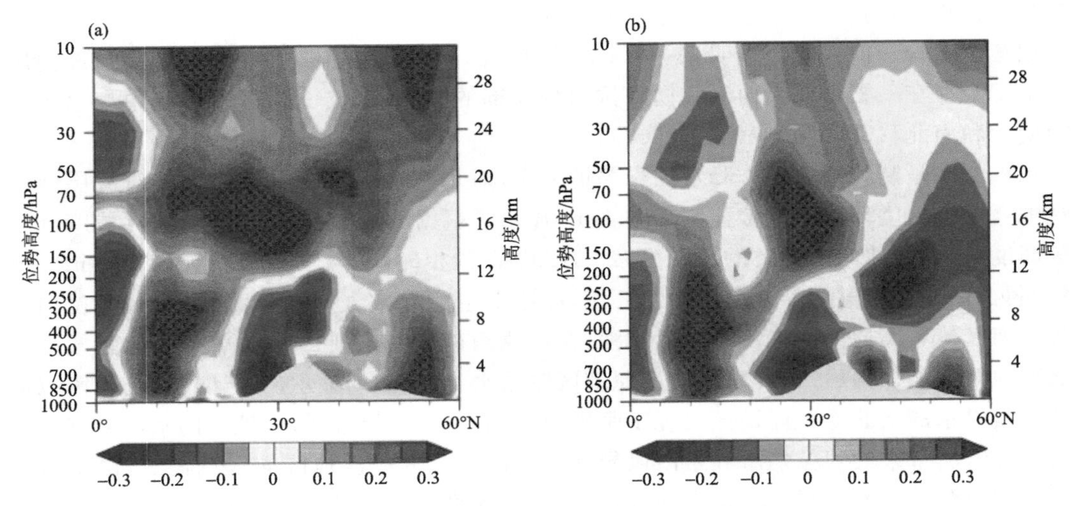

图 4.18　冬季 PI1 和 NAO 和同期垂直速度场的相关剖面图
（沿 70°—103°E 范围的高度-纬度剖面）

指出，与 NAO 关联的地中海对流层高层辐合/辐散异常可以强迫产生出显著的罗斯贝波源异常，该波源异常可以进一步激发出一支被限制在亚洲副热带急流中东传的罗斯贝波列，进而引起东亚对流层异常。Branstator 等(2003)发现冬季北半球 300 hPa 流函数的主导模态代表急流波导内部变率的主要特征，最大的异常中心在阿拉伯海北部关键区，刚好是全球尺度上一个较大的遥相关活动区。为进一步理解 NAO 联系大气的可能动力过程，利用 Takaya 和 Nakamura(2001)定义的波活动通量来分析。

为剔除 ENSO 和 IOD 的可能影响，挑选 NAO 大于 1 倍的标准差且 Niño3.4 和 IOD 小于 1 倍标准差的年份进行合成。图 4.19 给出 300 hPa 的波活动通量，NAO 正位相时，欧洲上空的波活动存在两条路径，一条自北欧沿 45°—60°N 向东传播，另一条向南到达北非并转向东继续传播。NAO 正位相时高纬的北支波列能量相比负位相时更强，然而，南支波列在 NAO 正负位相下能量相当，但传播路径不同。NAO 正位相时，罗斯贝波向南扩展进入北非然后向东传播，负位相时通过东南向的引导气流到达中东，存在一定非对称性。因此，NAO 位相引起的下游地区气候异常是由高纬的北支路径来决定，但另一方面，沿南支路径传播的波通量在

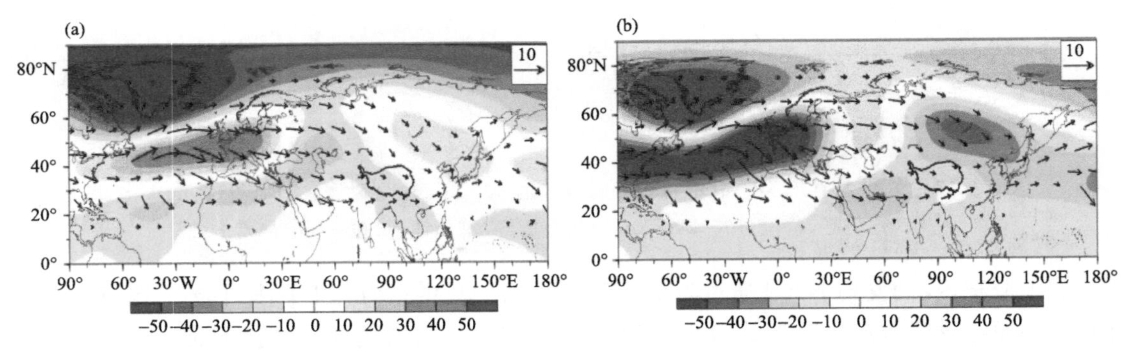

图 4.19　冬季 NAO 正(a)和(b)负位相合成的 300 hPa 波活动通量(矢量)(单位：$m^2 \cdot s^{-2}$)和位势高度场(阴影)(单位：gpm)

NAO 正、负位相的情况下都存在。值得一提的是，Branstator 等(2003)曾发现区域(0°—120°E)平均纬向风依赖于南亚急流波导的位相。因此，与 NAO 相关的下游气候异常和 NAO 的位相引起的南支路径更是密切相关。

由此可见，PI1 对应的环流异常同 NAO 正负位相时所引起的一些关键系统的活动具有密切的联系。NAO 正(负)位相时，对流层高层中东急流偏强(弱)，中层欧亚地区呈现“＋－＋”(－＋－)的类似 SEA 型的波列式分布、阿拉伯海附近的反气旋(气旋)性环流、高原上空的气旋(反气旋)性环流，低层印度半岛北侧盛行偏西风(贝加尔湖南侧盛行偏西风)和来自西北太平洋地区的偏东(西)风，这些同根据 PI1 指数回归的各层环流特征非常吻合。因此，NAO 可以通过类似 SEA 型遥相关、中东急流、中亚低槽及阿拉伯海附近的副热带西风槽等关键环流系统来影响高原冬季降雪。

4.5　本章小结

本章利用站点观测、再分析资料，分析了高原冬季降雪变化特征，探讨了降雪年际变化的关键环流系统。主要结论如下。

(1)青藏高原地区降水空间分布不均，西北少、东南多，年降水总体呈增加趋势。高原雨季和干季降水分明，高原夏季降水最多，春秋次之，冬季量级最小；春夏降水总体呈线性增加趋势，秋冬为减少趋势。

(2)高原地区水汽输送以西风带输送为主，春夏季总水汽收支为净输入，分别为 0.51×10^8 t/a、63.32×10^8 t/a；秋冬水汽收支为负，分别为 -0.26×10^8 t/a 和 -2.14×10^8 t/a。高原雨季期的水汽输送主体主要由风场辐合项贡献，水汽输送辐散是由干平流所致；冬季，高原东北部水汽输送由风场辐合项和水汽平流项的共同作用，而高原西南侧，冬季主要由湿平流输送带来水汽辐合。

(3)高原冬季降雪空间分布不均，时间变化上总体呈线性增加趋势，年际振荡和年代际特征均较明显，存在 2～4 a 和准 16 a 的显著周期；冬季内 11 月和 1 月的降雪量级贡献较大，在冬季降水变化中发挥着主导作用。

(4)近 60 年来高原冬季降雪集中度总体呈下降趋势，且年代际特征明显，目前处于集中度偏高的年代际背景中，空间上高原西部集中度偏高、而东部偏低，高原冬季降雪集中期出现在 12 月下旬—翌年 1 月中旬。

(5)高原冬季降雪第一主模态为全区一致型，PC1 同时具有明显的年际和年代际变化特征，存在 2～4 a 的年际周期，年代际上存在 14～20 a 周期，于 1988 年发生明显转折进入偏多期。第二主模态为东北—西南反向型，同样具有年际和年代际特征，年际上准 3 a 周期性显著，20 世纪 60—80 年代为正位相，90 年代发生转折，2011 年再次转为正位相。

(6)高原冬季降雪主模态为一致偏多型时，对应类似 SEA 遥相关型波列特征，中东急流偏强，阿拉伯半岛—阿拉伯海附近为反气旋性环流，高原上空为气旋性环流所控制，高原南部高海拔地区上升运动增强。类似 SEA 的波列主要是通过增强中东急流来实现的，引起高原南部异常上升运动以及异常水汽在冬季高原东北部和西南侧显著辐合。

(7)NAO 在影响高原冬季降雪过程中发挥至关重要的影响，NAO 正位相时，西欧到东北亚地区呈现“＋－＋”类似 SEA 型遥相关波列，欧亚槽脊系统波动较大，青藏高原为明显负异常区所覆盖，东亚大槽偏弱，南支槽偏强，中东急流异常偏强，阿拉伯半岛反气旋性环流异常增强，高原冬季降雪偏多，负位相时则相反。可见，NAO 可通过 SEA 型遥相关和中东急流等环流系统来调控高原冬季降雪。

第 5 章　青藏高原前冬降雪异常成因研究

5.1　引言

高原气候严寒，冬季以固态降水（降雪）为主，自 20 世纪 60 年代以来，青藏高原日降雪量大于 5 mm 的强降雪事件就有所增加（Sun et al.，2010），而弱事件和中等强度事件减少，总体呈现降雪强度趋强、降雪日数增加的变化特征（Zhou et al.，2018），这给高寒牧区畜牧业生产发展、交通运输、牧民生活带来很大影响。值得关注的是，高原冬季降雪多寡也会直接影响来年春、夏季气候异常，是由于高原冬季气候严寒，降雪难以融化易形成长时间积雪，会通过积雪反照率改变高原热力状况，减小海陆热力差异和冷却对流层中层大气。诸多研究表明，高原积雪可跨季影响东亚和南亚夏季风环流（Walker，1910；Hahn and Shukla，1976；Kripalani et al.，2003；Fasullo，2004），对我国东部夏季降水具有重要的指示意义。因此，综合以上信息，研究青藏高原冬季降水（降雪）变化对当地及下游地区的生态环境、社会经济、人类生产生活都有重要的意义。

降雪是冬季重要的天气、气候事件，强降雪或降雪量异常偏多会严重影响经济、交通、生产、生活等。Hartmann 等（2013）研究表明，自 20 世纪中叶以来，随着气候变暖，北美和欧洲的强降雪频率有所增加，而在亚洲，强降雪增加的区域多于减少的区域。Collins 等（2013）发现随着气温的升高，全球可能会继续向更多的强降雪事件和更少的弱事件转移，尤其是在中纬度大陆，全球变暖对降雪的总体影响是气温升高和降雪增加这两种相互竞争的影响之间的微妙平衡。此外，降雪对水资源具有重要的调节作用，Cuo 等（2009，2010）指出，在美国因全球变暖所引起的降雪事件和积雪可以改变季节性流量。

高原极端强降雪事件常出现于前冬（11—12 月）和初春，前冬时期降水量级大，因此成为雪灾高发期（李栋梁 等，2000；刘玉莲 等，2012），雪灾主要发生在巴彦喀拉山南缘和东麓地区（董文杰 等，2000）。Shen 等（2011）利用青藏高原北部冰芯代用资料提取历史降雪信息，发现过去 200 年中高原降雪呈增加趋势且具有显著的年代际信号。IPCC 第四次评估报告中指出，欧洲地区积雪覆盖不断减少，而青藏高原地区雪盖自 20 世纪 70 年代以来处于增加趋势（Lemke et al.，2007）。自 20 世纪 60 年代以来，青藏高原东部日降雪量大于 5 mm 的强降雪事件就有所增加（Sun et al.，2010），而弱事件和中等强度事件减少，总体呈现降雪强度趋强、降雪日数增加的变化特征（Zhou et al.，2018）。例如 2018/2019 年冬季，青藏高原降雪持续异常偏多，尤其在 2018 年冬季出现历史罕见的大范围持续性强降雪，形成破纪录事件，冬季累积降雪量位居历史同期最多，特别是前冬降雪量级大且持续时间长，导致高原地区遭遇近 60 年以来最严重雪灾。Scott(2016)基于国际大气-海洋耦合模式第5阶段比较计划(CMIP5),对北半球未来日降雪变化进行预估,结果表明,2021—2050年和2070—2100年青藏高原日降雪量和强降雪事件频率将会增加,这对未来高原地区雪灾防御提出了新的挑战。全球增暖的背景下,青藏高原冬季极端降雪事件发生频率增加,其中可能的成因,尤其是与低纬热带海温异常相联系的高原降雪的形成机制问题是当前高原气候研究的难点科学问题之一。

5.2 资料和方法

站点资料来自中国气象局国家气象信息中心的台站观测数据集,提取高原东北部地区的50站逐日固态降水数据。格点资料分别来自NCEP/NCAR和ERA5逐日、逐月再分析资料集,包括位势高度、水平风场、湿度、垂直速度、海温场等,水平分辨率为2.5°×2.5°(Kalnay et al.,1996;Kistler et al.,2001)。5.4节中利用两套资料计算一些物理量,来初步评估ERA5这套新资料的性能特点,为下一步的应用提供基础。资料时段均为1961—2018年,本章前冬指11—12月。

本章所用统计方法主要有回归分析、相关分析(包括同期相关、超前/滞后相关、滑动相关)、经验正交函数分解(EOF)、合成分析、滤波分析、突变检验等,显著性水平检验采用双尾t检验。

5.3 高原前冬降雪年际变化成因研究

5.3.1 高原前冬降雪异常特征

青藏高原地处寒带、亚寒带气候区,最典型的气候特征为冬寒夏凉,进入11月高原地区降水相态由液态逐渐转为固态,极端降雪事件时常发生,前冬降雪高值区集中位于藏东南地区,多年平均降雪量在5 mm以上,是高原冬季雪灾高发地区,尤其在川西高原和横断山区,量级在10 mm以上(图5.1a)。后冬降雪量相比前冬有所增加,但空间分布不均,异常高值区位于藏南部分地区,大值区仍然分布在高原东南部。就时间变化而言,前冬降雪年际变率更强,极端性较后冬也明显偏强,在20世纪70年代中期以前处于偏少阶段,此后以年际振荡为主,特别是在70年代中期至90年代中期振荡幅度较大,年际变率最强,因而可预报性较低,这无疑给前冬时期的高原雪灾预测增加更大的不确定性,而后冬降雪的年代际变化特征较明显,20世纪60—80年代处在偏少背景下,进入90年代转为偏多背景中,尤其是进入21世纪以来,几乎持续偏多且保持逐年增加的趋势。

高原前冬降雪存在3~6 a的显著周期,尤其在20世纪70—80年代中期和21世纪10年代这种特征最典型,90年代年际振荡特征更加突出,以2~3 a的周期为主。不同于前冬,后冬时期降雪以年代际周期特征为主,存在准20 a的显著周期性,且在研究时段内持续存在,进入21世纪以来存在准3 a的短周期特征(图5.2)。

从前冬11—12月的降雪演变来看,对于高原中西部而言,其差异性较小,降雪量级基本保持在2.5 mm以内,而高原东南部,11月量级较12月偏大,这可能同水汽条件变化具有直接的关系(图5.3)。

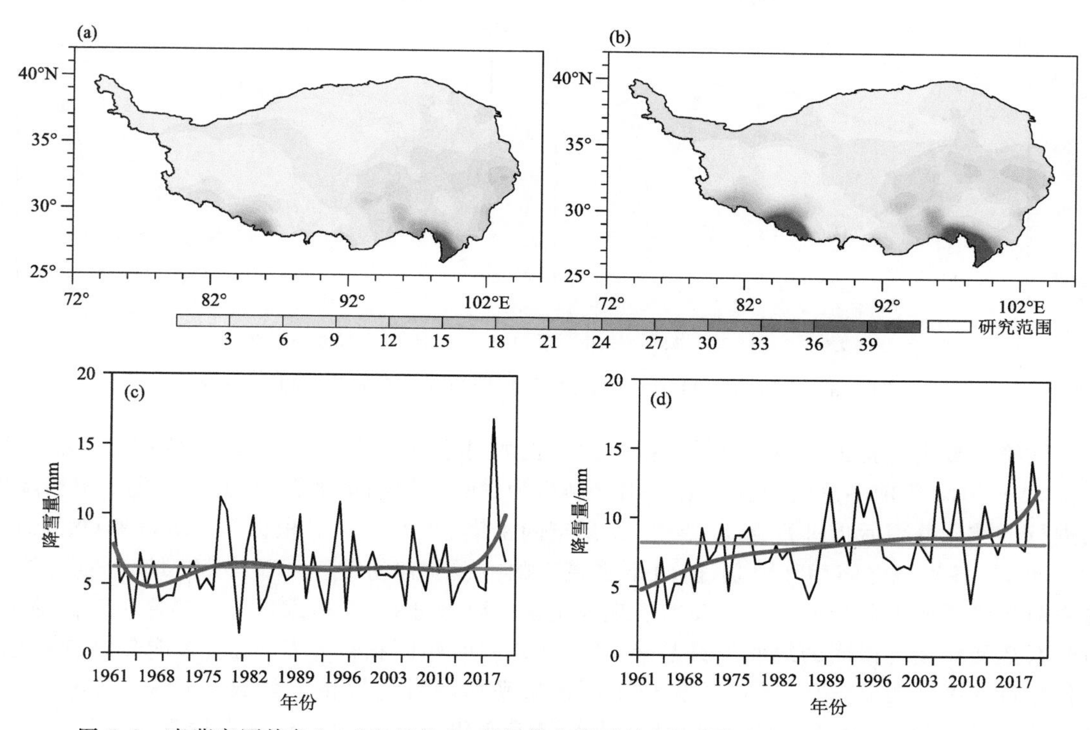

图 5.1　青藏高原前冬(a,c)和后冬(b,d)气候态降雪量空间分布和时间演变图(单位:mm)

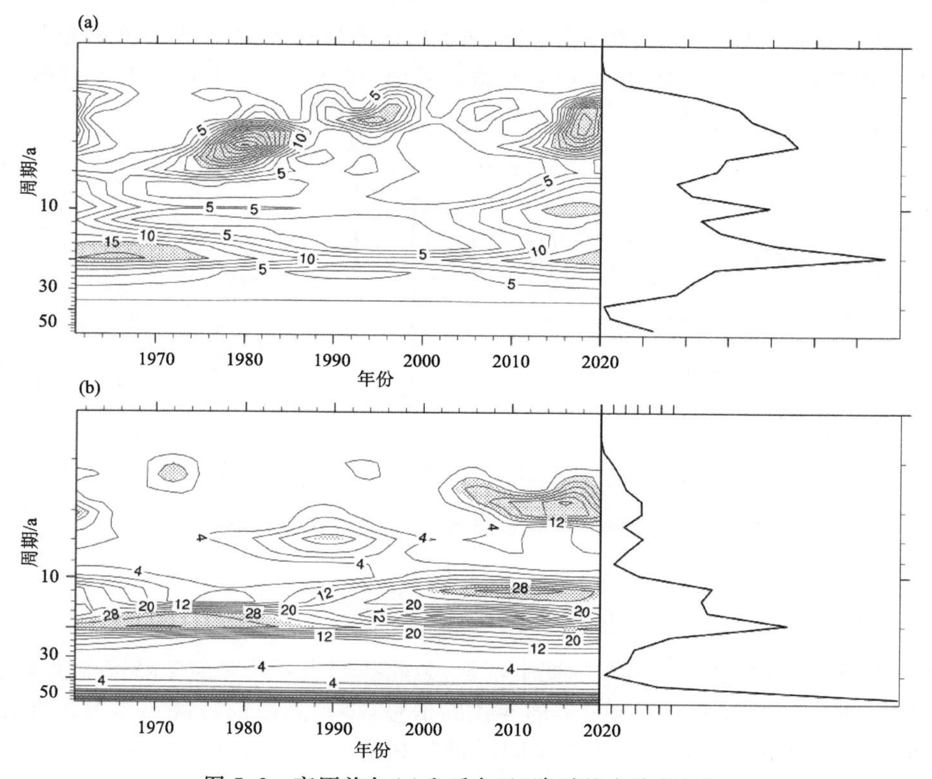

图 5.2　高原前冬(a)和后冬(b)降雪的小波变化图

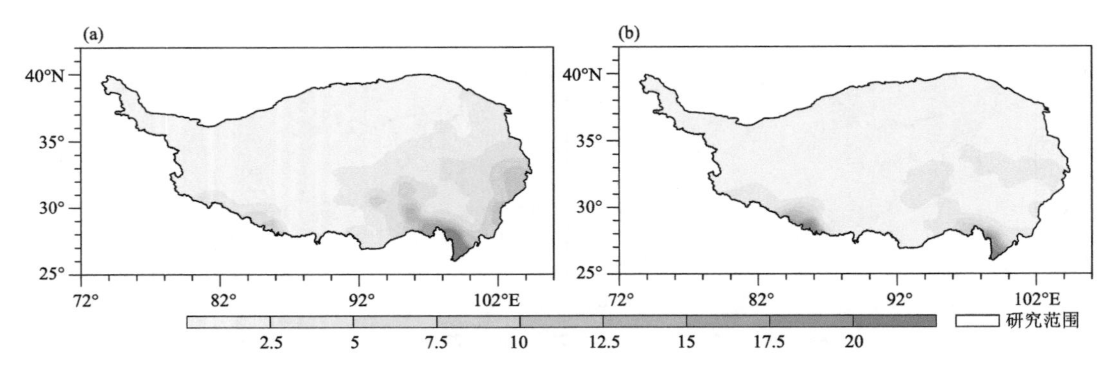

图 5.3　高原前冬 11 月(a)和 12 月(b)降雪空间分布图(单位:mm)

气象上常用经验正交函数分析法(EOF)来提取时空场的主要特征,这里我们针对青藏高原 1961—2018 年前冬降雪数据开展 EOF 分解,为消除量纲和量级影响,我们首先对原始降雪场进行标准化处理后再进行 EOF 展开,得到空间主模态(图 5.4)。根据 North 准则(North et al.,1982),各模态之间相互独立,前两个主模态的方差贡献分别为 27.1%和 10.5%,可体现高原前冬降雪的主要特征。第一模态表现为全区一致型分布,高荷载区位于高原东北部地区,时间系数变化呈现微弱的线性上升趋势(图 5.5),同时年际振荡特征明显,表明年际变率强,年代际特征不甚明显,第一时间系数 PC1 同区域平均降雪量的相关系数为 0.94,通过 0.001 显著性水平检验,因而,用 PC1 代表高原前冬降雪变化的主要特征是具有较高可信度的。第二模态为东北—西南反向型,表现出在高原东北侧和西南部为反位相的特征,这种分布型同高原地形差异具有直接的联系,东北侧主要包括祁连山区和柴达木盆地,海拔相对较低,在 3000 m 左右,而西南部覆盖羌塘高原、川藏峡谷和藏南谷地,平均海拔 4000 m 以上,体现出地形落差下的冬季降雪的差异性分布。

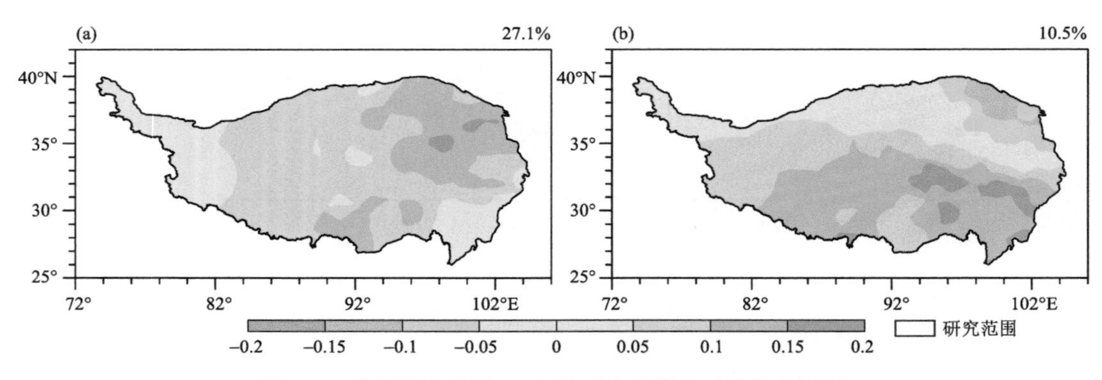

图 5.4　高原前冬降雪 EOF 前两个主模态对应的空间型

5.3.2　高原前冬降雪年际异常的环流分析

根据上节分析,高原前冬降雪年际变率较强,为此我们主要针对前冬降雪主模态探讨其年际变化成因。首先对 PC1 剔除 9 a 以上的年代际信号,得到高原前冬降雪指数的年际变化分量(PI1,图 5.6)。对下面要分析的环流场同样进行剔除年代际信号处理,用所提取的年际尺度环流分量进行分析。

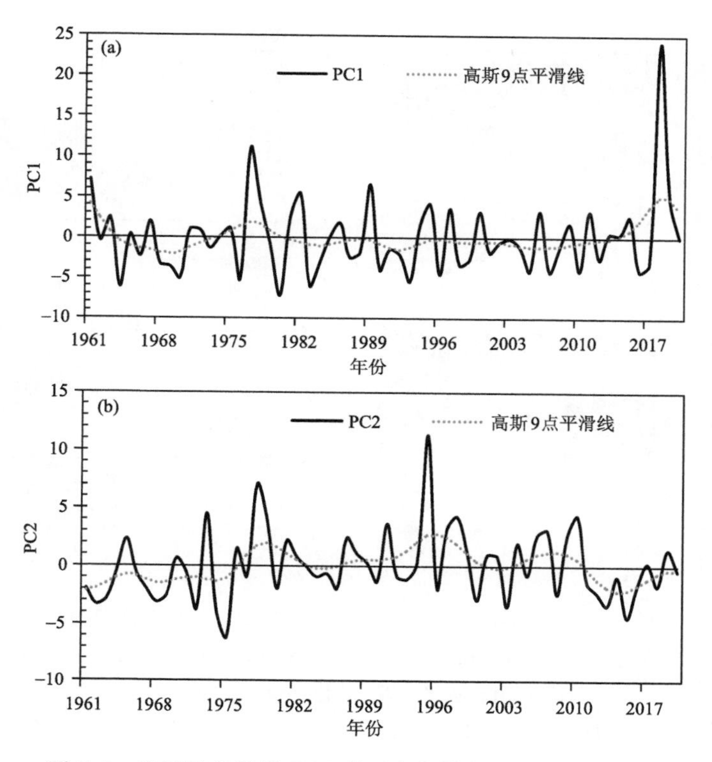

图 5.5　高原前冬降雪 EOF 前两个主模态对应的时间系数

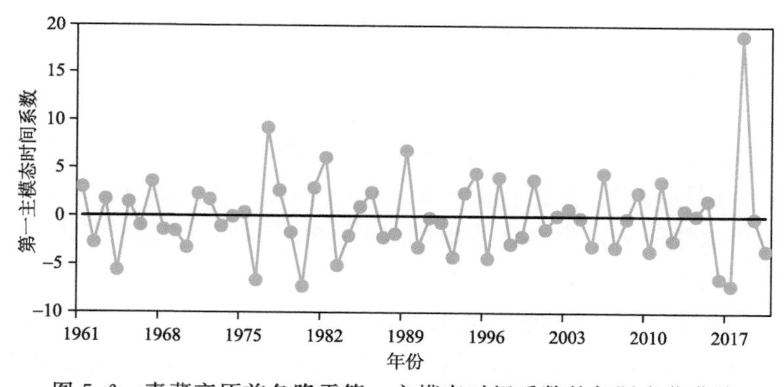

图 5.6　青藏高原前冬降雪第一主模态时间系数的年际变化曲线

图 5.7 为前冬降雪指数 PI1 回归的同期环流场，首先从对流层高层 200 hPa 位势高度和波活动通量的回归结果来看(图 5.7a)，当 PI1 为正位相时，欧亚中高纬存在南北两条波列，分别沿北支和南支路径向东传播。其中一支源自地中海经由北非和阿拉伯半岛到达青藏高原和东北亚地区，沿欧亚副热带路径传播，称之为南支路径；另一支源自格陵兰岛经由北大西洋沿北支路径传播，为北支路径。在此通过公式(5.1)和公式(5.2)定义两个指数来代表南北两支波列的传播路径，南支路径指数根据以下几个关键区上空的 200 hPa 平均位势高度值进行计算得来，包括阿拉伯半岛、青藏高原、东北亚地区；北支路径也包括三个关键区域，分别为格陵兰岛、北大西洋和北非撒哈拉沙漠—地中海。这两项指数能够体现欧亚遥相关特征，用来分析欧亚地区南、北两支波列对高原前冬降雪的影响。

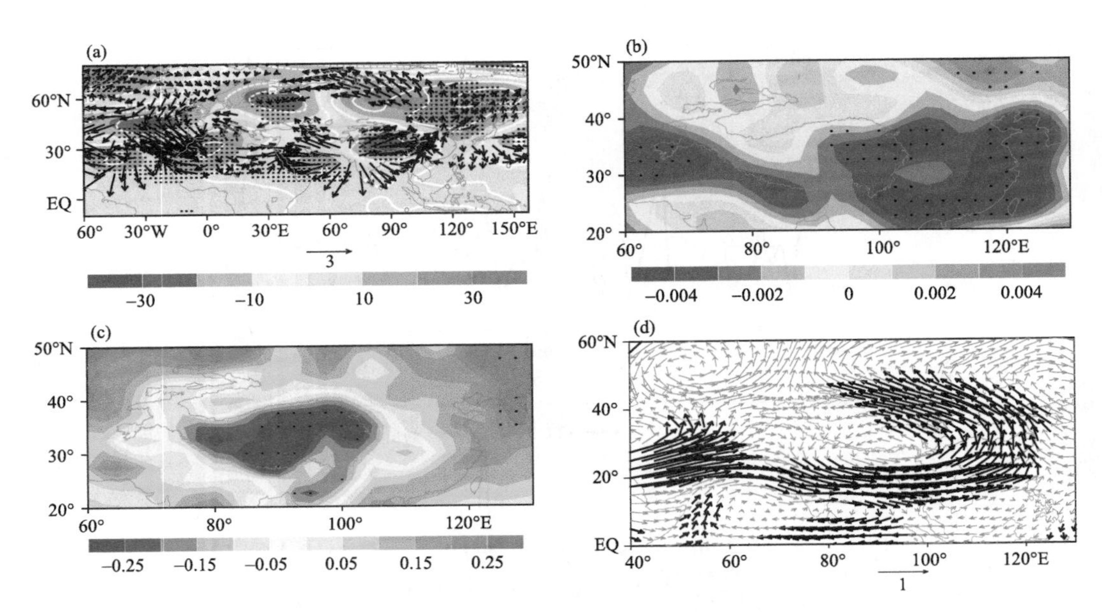

图 5.7 PI1 回归的(a)500 hPa(等值线,单位:gpm)和 200 hPa 位势高度(阴影,单位:gpm)及三维波活动通量(矢量,单位:$m^2 \cdot s^{-2}$)(b)400 hPa 垂直速度(单位:$Pa \cdot s^{-1}$)(c)地表气温(单位:℃)(d)500 hPa 水平风场(单位:$m \cdot s^{-1}$)的异常场

(图 a—c 中打点区和图 d 中的加粗矢量箭头为通过 95%置信水平检验)

$$SI = H_{TP}(80°—105°E,25°—32°N) - H_{AP}(32°—60°E,10°—20°N) - H_{NEA}(100°—140°E,45°—60°N) \tag{5.1}$$

$$NI = H_{GL}(58°—32°W,60°—70°N) - H_{NA}(50°—20°W,40°—50°N) - H_{NAT}(50°—20°W,40°—50°N) \tag{5.2}$$

式中:SI 和 NI 分别为南支和北支路径指数;H_{TP}为青藏高原区域(80°—105°E,25°—32°N)的平均位势高度距平;H_{AP}为阿拉伯半岛区域(32°—60°E,10°—20°N);H_{NEA}为东北亚地区(100°—140°E,45°—60°N);H_{GL}为格陵兰地区(58°—32°W,60°—70°N);H_{NA}为北大西洋地区(50°—20°W,40°—50°N);H_{NAT}为北非地区(50°—20°W,40°—50°N)。

SI 和 NI 两项指数序列之间的相关系数为−0.48,PI1 和 SI、NI 的相关系数分别为−0.52 和 0.39,均通过 0.001 显著性水平检验,表明南支波列对高原前冬降水的影响可能更重要。事实上,沿南支路径传播的波列同欧亚南部型(SEA)遥相关也非常类似,SEA 是欧亚遥相关型(EU,Eurasian)(Wallace and Gutzler,1981)的一种,已有研究表明,冬季 SEA 遥相关是联系 NAO 同东亚气候的重要纽带(Xu et al.,2012;Li et al,2016)。

与此同时,在对流层中层的高原上空及其以东地区上升运动异常明显(图 5.7b),高原地表气温呈负异常(图 5.7c),为高原冬季降雪提供有利的气温条件;500 hPa 水平风场显示在低纬阿拉伯海地区存在一个反气旋性环流,高原上空则为气旋性环流异常,盛行东南风异常,来自阿拉伯海的水汽经由孟加拉湾和来自西北太平洋的偏东气流叠加后进入高原地区(图 5.7d),Li 等(2019)的研究表明,当北半球冬季出现正(负)欧亚型时,在欧洲西南部、阿拉伯半岛和亚洲东北部为正(负)异常,中国西南部冬季降水易偏多(少),本章结论与此类似,表明 SEA 型遥相关对包括高原在内的中国西部地区冬季降水的影响作用。

5.3.3　高原前冬降雪对热带海温的响应

已有研究(Yuan et al.,2014;Jiang et al.,2019)发现高原冬季积雪深度异常可归因于低纬热带海温的影响,Seager 等(2010)指出厄尔尼诺事件有利于欧亚冬季降雪异常,受 ENSO 影响的西北太平洋的对流活动异常与高原东南部冬季气温具有一定的联系(Jiang et al.,2013),那么热带海温会对高原前冬时期的降雪异常造成什么影响? 同时印度洋偶极子(IOD)还可通过高原积雪异常保留季节足迹机制来影响次年中国春夏季气候(Kripalani et al.,1999)。图 5.8 为 PI1 和同期海温场的相关分布图,在热带印度洋呈现为典型偶极型分布,西印度洋地区为显著正相关,东印度洋为负相关,符合 IOD(Saji et al.,1999)海温异常型的分布特征。与此同时,其他海域也存在显著相关区,在赤道中东太平洋对应厄尔尼诺型海温异常。

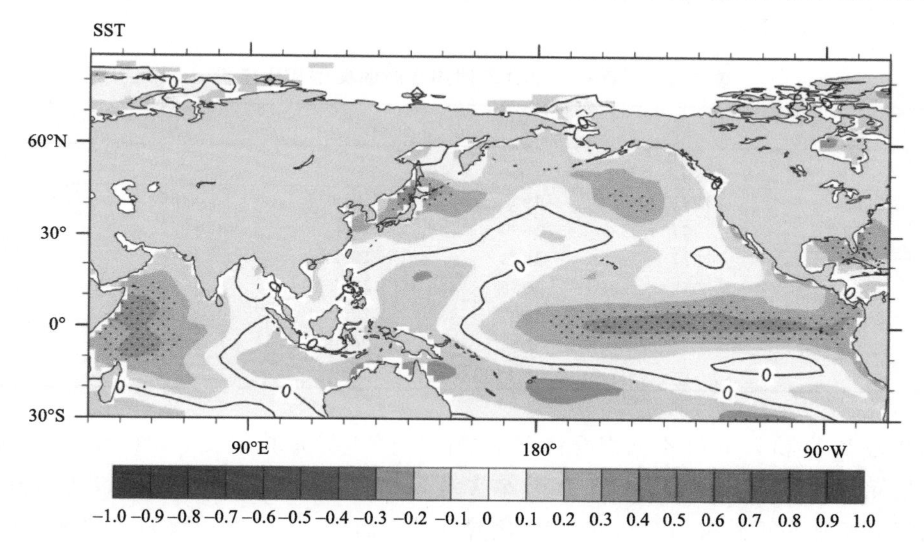

图 5.8　PI1 和前冬海温场的相关分布图
(打点区为通过 95%置信水平检验)

IOD 和 ENSO 的峰值通常分别出现于秋、冬季,它们对北半球冬季气候具有很重要的影响。在此采用来自 NOAA 的 Niño3.4 和 IOD 指数代表 ENSO 和 IOD 事件,两个指数之间的相关系数为 0.47,通过 0.001 信度的显著性水平检验,表明两类事件存在密切联系,不具独立性。Behera 等(2003)验证了 IOD 事件同热带太平洋海温变率具有显著的联系,其中就包括 ENSO,Yamagata 等(2004)也曾发现有三分之一的 IOD 事件同 ENSO 相关联。高原前冬降雪指数 PI1 和 IOD、Niño3.4 的相关系数分别为 0.50 和 0.31,当从 Niño3.4 指数中将 IOD 信号进行线性剔除后,PI1 和 Niño3.4 指数的偏相关系数降到 0.10,然而用同样的方法将 IOD 指数中的 ENSO 信号去除后,PI1 和 IOD 的偏相关系数为 0.45,依然保持显著水平,因此,相比 ENSO 而言,IOD 和高原前冬降雪不但具有更密切的联系,而且 IOD 在 ENSO 和高原前冬降雪的关系中也起着重要的桥梁作用,或可理解为,ENSO 的影响作用依赖于 IOD;另一方面,当从 IOD 中剔除 ENSO 信号后,IOD 和 PI1 的关系也有所削弱,那么 ENSO 在 IOD 对高原降雪的影响中也具有一定的贡献,因此,推测 IOD 和 ENSO 对高原前冬降雪的影响是非独立的。为验证这一推测,我们提取出历史上 IOD 和 ENSO 两类事件组合,首先将指数标准化值大于

(小于)0.7(−0.7)作为筛选典型IOD和ENSO事件的标准，其余情况为中性状态，根据这一标准，针对1961—2018年时段，分别提取出6(7)年份典型IOD和ENSO的组合情况，其中有21年为中性组合(表5.1，表5.2)，其余年份代表两者各自为正或负异常时的独立情况。

表5.1　1961—2018年期间IOD和ENSO不同位相组合出现的频数

类别	I^+	I^0	I^-	合计
P^+	6	8	1	15
P^0	4	21	5	31
P^-	1	5	7	12
合计	11	35	12	58

注：I^+，I^0，和I^-分别代表IOD指数正异常(大于0.7倍标准差)，中性状态(介于−0.7和0.7之间)和负异常(小于−0.7倍标准差)；P^+，P^0和P^-分别代表Niño 3.4指数正异常(大于0.7倍标准差)，中性状态(介于−0.7和0.7之间)和负异常(小于−0.7倍标准差)，下表同。

表5.2　IOD和ENSO不同组合时的典型代表年份

类别	I^+P^+	I^+P^0	P^+I^0	I^-P^-	I^-P^0	P^-I^0
频次	6	4	8	7	5	5
年份	1963 1972 1997 2006 2015 2018	1961 1967 1977 2012	1965 1969 1982 1986 1991 1994 2002,2009	1974 1984 1998 2005 2007 2010 2016	1966 1971 1973 1993 1996	1983 1988 1995 1999 2011

图5.9为IOD和ENSO不同组合情况下的高原降雪异常箱线图，如图5.9所示，不同组合下的降雪异常变化十分明显，IOD为正异常组合情况下，如I^+P^+、I^+P^0、I^0P^+，中位值和75%分位值上通常为正异常，相反，在IOD负异常的组合中，中位值一致为负异常。同时注意到I^+P^0的中位值高于I^+P^+组合，表明ENSO正位相时并不能更进一步增强IOD对高原降雪

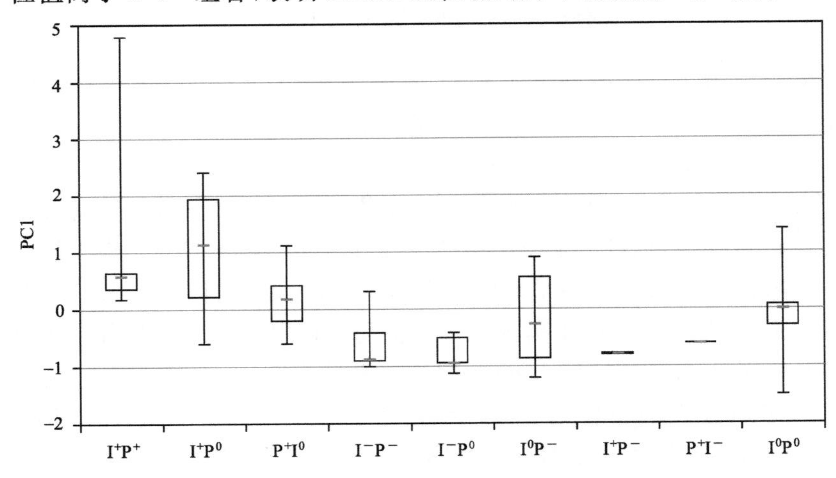

图5.9　IOD和ENSO组合情况下的PC1异常箱线图
(矩形箱体中的短线代表中位数；纵向实线顶端的短线分别代表最大值和最小值，箱体上端和下端的分别代表75%和25%分位数)

正异常的影响作用。此外，当单独出现 ENSO 强事件时，高原降雪异常不确定性较大，这同上述剔除 IOD 信号后 ENSO 和 PI1 的偏相关不显著的统计结论相一致。在两者均为中性组合(I^0P^0)情况下，降雪异常的不确定性会更大。因此，IOD 或 ENSO 位相和强度异常的配置关系对高原前冬降雪均具有重要的决定作用，其中 IOD 的影响更占主导。

接着我们通过分析上述不同组合情况下的环流来探讨 IOD 和 ENSO 对高原降雪的作用途径。当出现 I^+P^+ 组合时，200 hPa 位势高度异常场自西欧至东亚呈现波列式分布(图 5.10a)，异常中心包括格陵兰岛、欧洲西部和非洲西北部，正好位于上节所提到的北支路径，值得关注的是，最显著的负异常中心位于青藏高原及其附近上空，整层水汽积分结果显示(图 5.10d)，高原上空为水汽辐合区，尤其在高原东南部和西南侧，为水汽辐合异常区。图

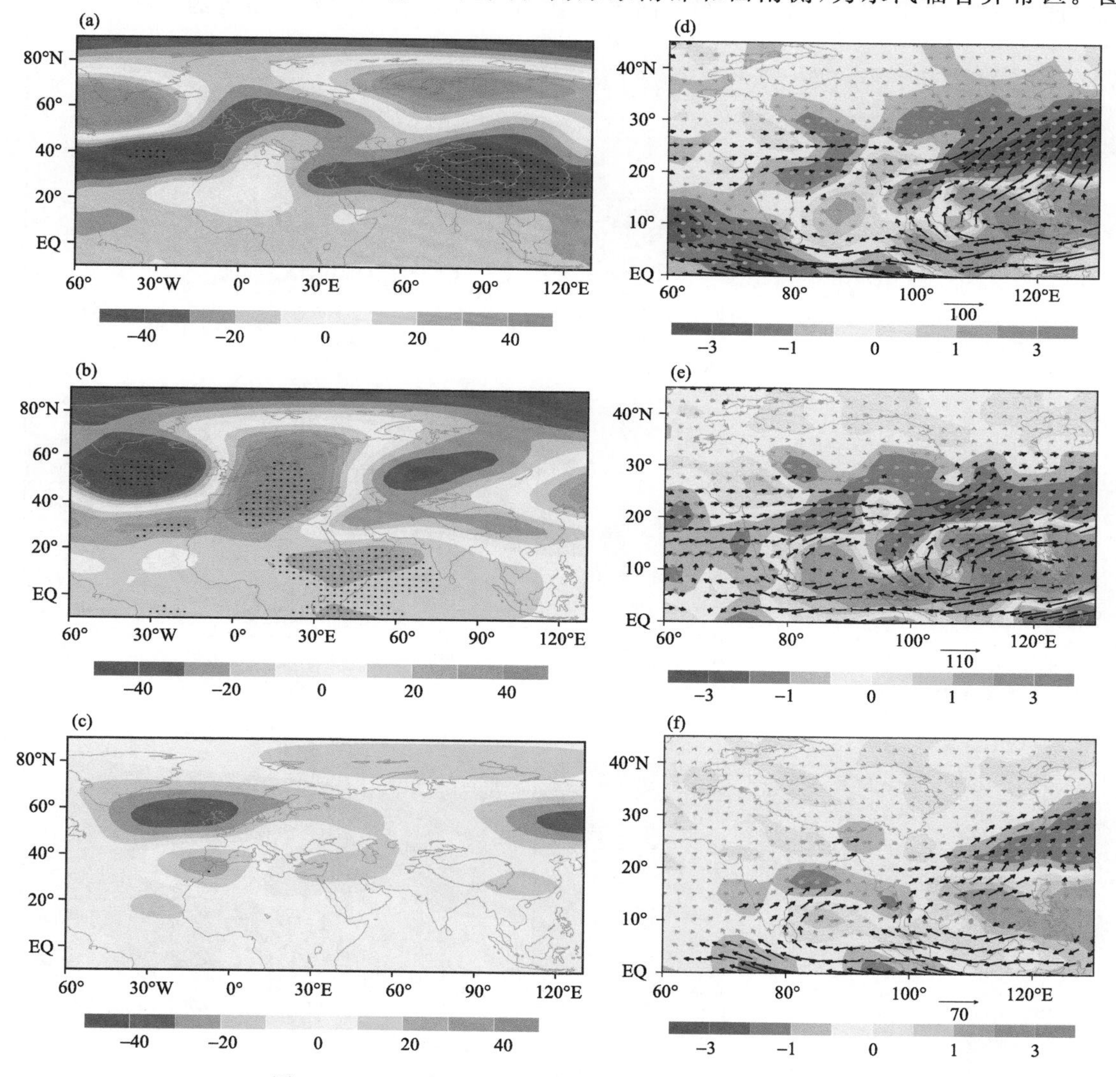

图 5.10　IOD 和 ENSO 正位相配置下的前冬环流异常

(a—c 为 200 hPa 位势高度场，单位：gpm；d—f 为水汽通量，单位：kg · m^{-1} · s^{-1}。其中 a 和 d 为 IOD 和 ENSO 同为正位相的组合，b 和 e 为 IOD 正位相和 ENSO 中性状态的组合，c 和 f 为 ENSO 正位相和 IOD 中性状态的组合)

5.10b,e 显示了 I^+P^0 的组合情况，一支自北大西洋至亚洲的波列出现在对流层高层，其分布类似于 EU 型，地中海—北非—中亚为显著正异常区，同时高原上空为负异常区，但其强度不及 I^+P^+ 组合的情况，高原上空为水汽辐合区，水汽主要来自阿拉伯海经由印度半岛输送。由此可见，IOD 正异常可激发出有利于高原降雪偏多的异常环流。正如 Yamagata(2004)所证实的，IOD 可引起地中海/撒哈拉地区的反气旋性环流异常，并激发出异常东传波列。而当出现 ENSO 正异常和 IOD 中性状态的组合时，相比 I^+P^0 的组合，环流异常程度和水汽输送均减弱。

图 5.11 给出 IOD 和 ENSO 负位相组合情况下的环流异常分布图，其中包括 IOD 和 ENSO 同时为负的情况(I^-P^-)，IOD 负异常且 ENSO 为中性状态(I^-P^0)，ENSO 负异常且 IOD 为中性(P^-I^0)，三种组合下的环流异常同图 5.10 几乎相反，尤其是在关键区的异常。

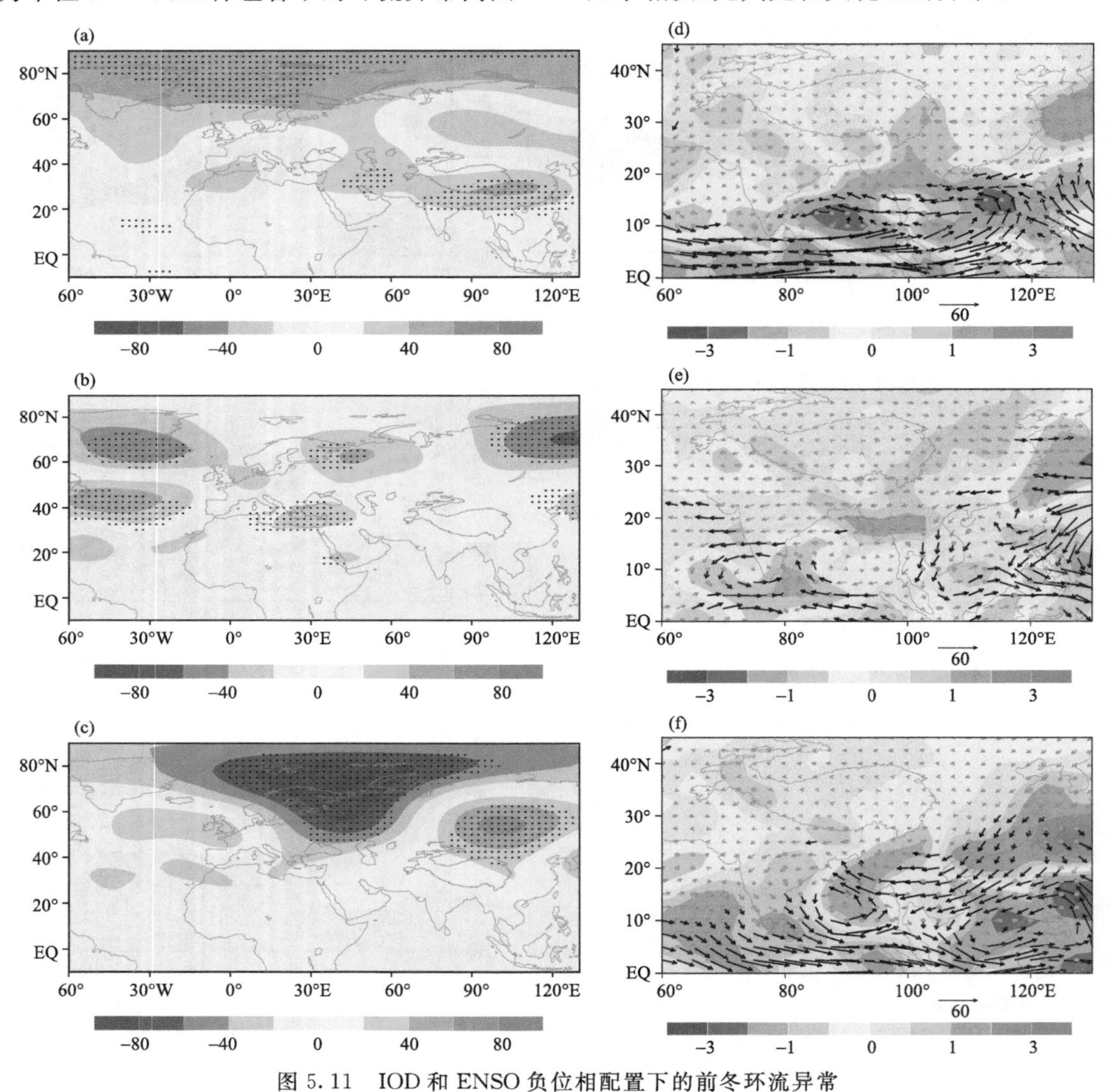

图 5.11　IOD 和 ENSO 负位相配置下的前冬环流异常

(a—c 为 200 hPa 位势高度场，单位：gpm；d—f 为水汽通量，单位：$kg \cdot m^{-1} \cdot s^{-1}$。其中 a 和 d 为 IOD 和 ENSO 同为负位相的组合，b 和 e 为 IOD 负位相和 ENSO 中性状态的组合，c 和 f 为 ENSO 负位相和 IOD 中性状态的组合)

综上所述，IOD 异常可激发出类似 EU 型环流波列，自地中海经由青藏高原到达亚洲东北部，ENSO 的作用表现较弱。Yuan 等(2009)也揭示出欧亚波列可由 IOD 有关的印度洋中西部对流异常激发引起，从而显著影响高原地区的水汽输送及地表温度异常。由此表明，IOD 对高原前冬降雪具有重要的作用，而 ENSO 的影响相对较弱。

5.3.4　数值模拟试验

为进一步验证 IOD 和 ENSO 的作用，本节利用 CAM5.1 数值模式分别开展控制试验和敏感性试验。试验设计方案包括一组控制试验和三组敏感性试验，通过敏感性试验和控制试验结果的差值可用来反映海温异常对高原前冬降雪的影响作用。在第一组敏感性试验(E1)中，我们用 PI1 指数回归的热带印度洋和太平洋海温异常值同时输入到海温强迫场中，代表 IOD 和 ENSO 同为正异常时的海温强迫作用(图 5.12a)；第二组敏感性试验(E2)，仅将印度洋海温异常回归值输入，表现为典型的东西印度洋偶极型分布，代表 IOD 正异常时的独立作用(图 5.12b)；第三组敏感性试验(E3)，则是将太平洋的海温异常回归值作为强迫场输入，代

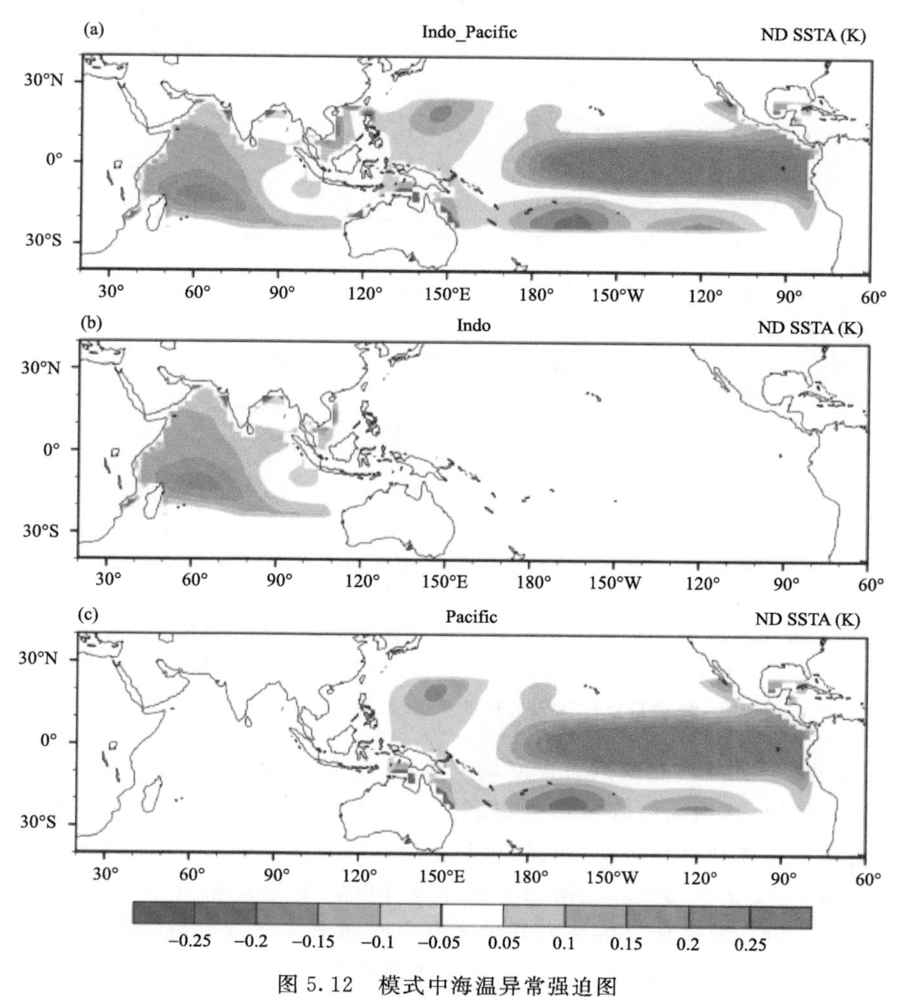

图 5.12　模式中海温异常强迫图

(a)太平洋和印度洋海温正异常同时强迫方案；(b)印度洋强迫方案；(c)太平洋强迫方案

表厄尔尼诺条件下海温强迫作用(图 5.12c)。基于三组敏感性试验,我们可进一步分析和验证 IOD 和 ENSO 通过联合和独立作用如何影响大气环流进而使高原前冬降雪出现异常。

图 5.13 和图 5.14 给出了在上述海温外强迫影响下的环流响应,对比图 5.10,模拟结果能够重现出一些观测特征,比如在 IOD 和 ENSO 同为正位相(图 5.13a)或 IOD 单独为正(图 5.13b)的情况下,上述波列特征均有体现,但 IOD 独立作用的响应弱于两者同为正异常的情况,这可能是由于模式误差所引起的不确定性。接着同观测的图 5.11 比较,模拟结果中异常波列特征和观测比较类似,尽管高原上空未出现负异常中心,但依然处于负异常区覆盖之下。另外,ENSO 正位相的模拟结果和 IOD 正位相时的非常类似,仅强度相对较弱,也进一步印证了观测中 IOD 的影响作用占主导的结论,可见模拟结果能够体现出 ENSO 独立作用于高原地区降雪异常的局限性。

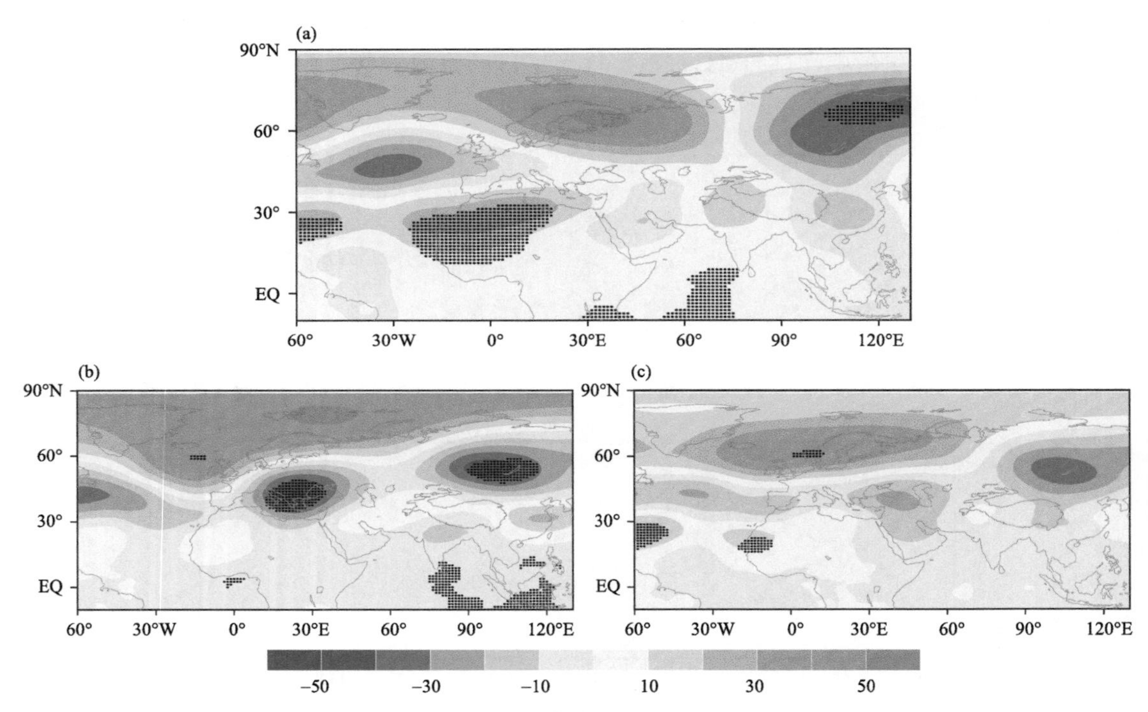

图 5.13 基于 CAM5.1 模拟的 200 hPa 位势高度异常(单位:gpm)

(a)IOD 和 ENSO 同为正位相的情况;(b)IOD 正位相;(c)ENSO 正位相

(黑色打点区代表通过 95%以上的置信水平检验)

此外,在图 5.15 中,400 hPa 垂直速度场上显示,在 I^+P^+ 和 I^+ 情况下,高原及其附近上空的上升运动会更加明显,为高原降雪提供有利的动力条件,可见,在 IOD 为正异常的组合中,对流层中层的水平风场和垂直运动场都较有利于高原降雪异常偏多,相比之下,ENSO 正位相时的作用则较弱。Jiang 等(2019)也揭示了西印度洋的对流异常和 IOD 正位相有关,IOD 正异常时可产生一支沿东北向传播的波列并在高原中西部形成异常气旋性环流,这样的环流异常可从热带传输更多的水汽到达高原,为高原中西部降雪提供有利的条件。

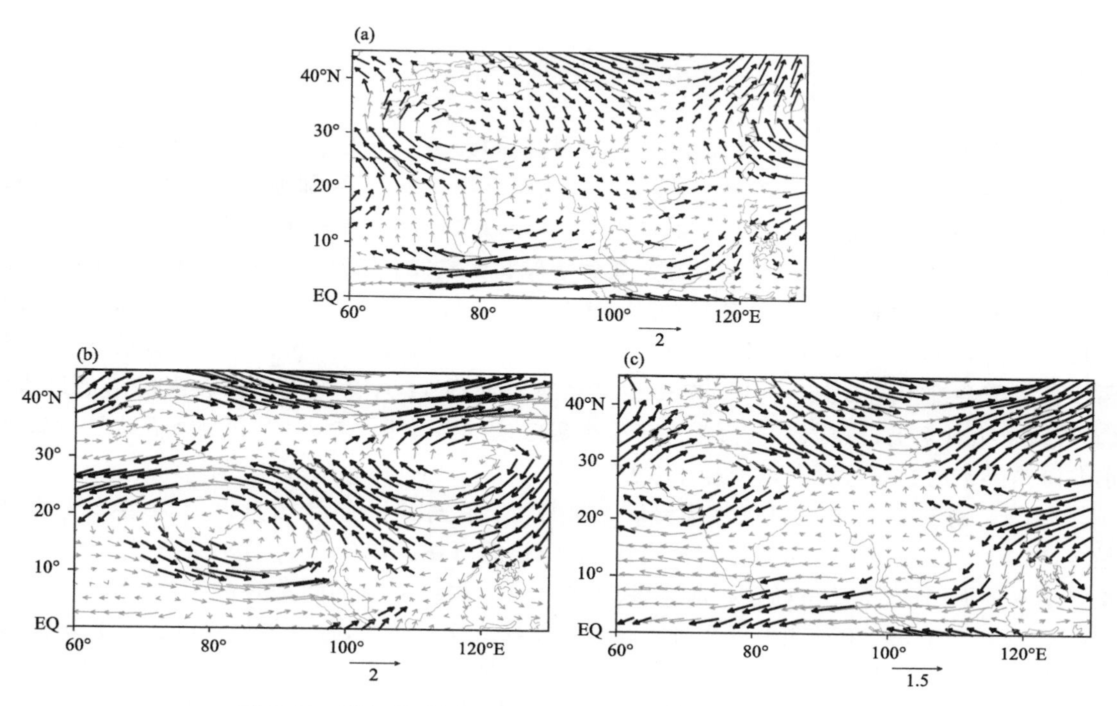

图 5.14　同上图，但为 500 hPa 水平风场异常(单位：m・s^{-1})
(加粗矢量代表通过 95%以上的置信水平检验)

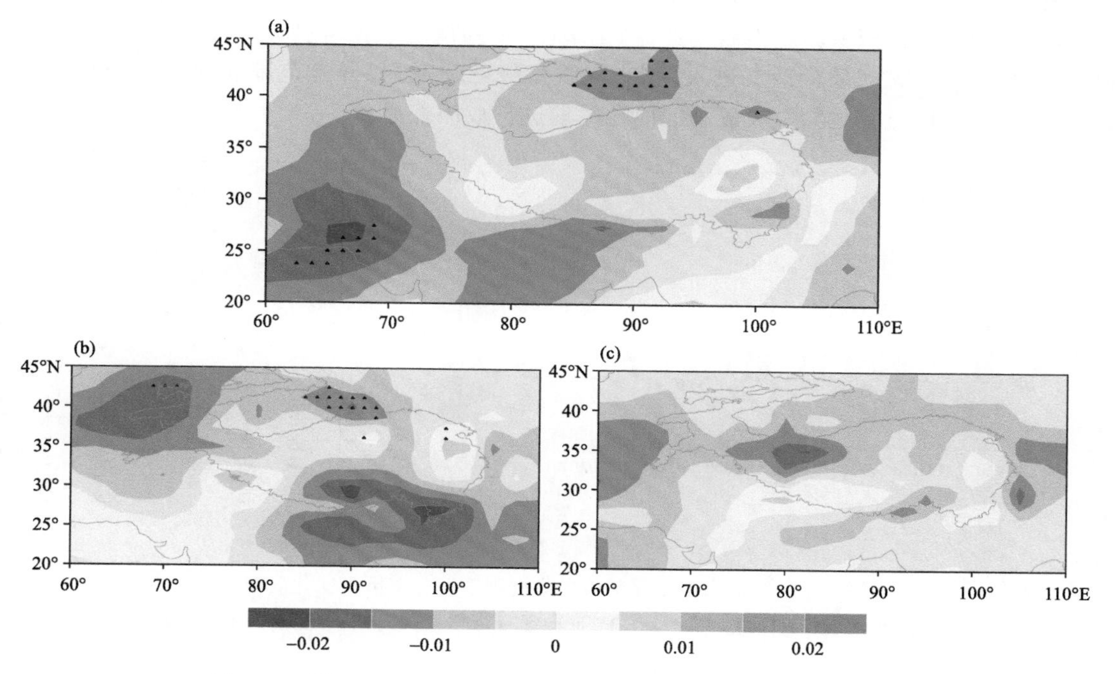

图 5.15　同图 5.13，但为 400 hPa 垂直速度场异常(单位：m・s^{-1})
(打点区代表通过 95%以上的置信水平检验)

5.4 2018年前冬降雪异常形成机制

2018年前冬(11—12月)，高原东北部(青海高原)经历了历史罕见的大范围持续性强降雪天气过程，降雪量位居历史同期最多，发生了降雪量破纪录事件，局部地区积雪深度达45 cm，高原牧业区积雪覆盖持续3个月之久，遭遇近60年以来最严重雪灾，给电力、交通、牧业生产、牧民生活带来很大影响。因此，非常有必要就全球和区域气候增暖背景下，尤其在变暖幅度较大的高原地区，针对此类罕见的破纪录降雪事件的大尺度环流背景、海温异常特征和影响机制开展研究。对于2018年前冬降雪事件而言，有几方面问题需深入分析：(1)变暖背景下本次降雪事件为何会维持这么久，为什么在冷空气相对较弱的11月会出现强度较大的降雪过程？(2)暖湿气流如何与冷空气持久交汇并产生突破纪录的强降雪过程？(3)典型海温背景对高原前冬降雪异常的影响过程和途径是什么？

2018年前冬，高原东北部平均降雪量比同期气候值偏多3倍，降雪量为1961年以来历史最多(图5.16a)，显著偏多区位于青海高原地区，根据所在区域(30°—40°N，88°—105°E)平均逐日降水剖面图(图5.16b)显示，前冬期间共出现4次较明显的降雪过程：11月3—8日和10—21日、12月1—11日和16—20日，但降雪过程持续时间久，各气象站点降雪日数均偏多1倍以上。2018年前冬降雪主要集中出现于11月，降雪量占前冬总量的86%，较气候值偏多4.3倍，位列历史第1，其中有68%的站点突破历史极值，11月降雪量级大且持续时间长，比如在南部高海拔地区，有三分之二的时间为降雪天气，加之地处高原寒带气候区，11月平均气温已普遍降至0 ℃以下，为降雪提供有利的气温条件，持续异常降雪过程造成大范围持久性积雪，海拔高、气温低，积雪深度不断增加，融化缓慢，一些地区积雪维持至2019年3月，多地达到重度、特重度雪灾气象标准。进入后冬，降雪量级明显减弱，异常范围和幅度也明显减少。因此，本节主要针对降雪异常较显著的前冬时期进行成因探讨。

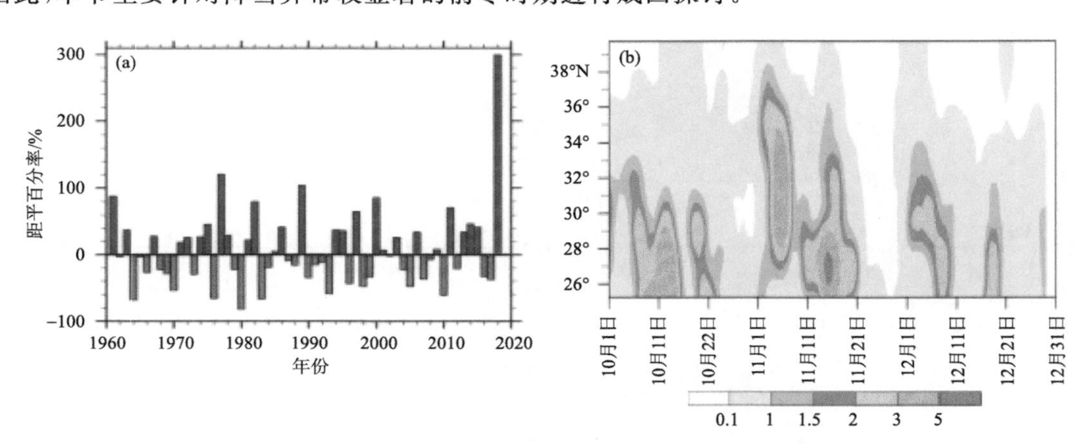

图5.16 (a)高原东北部前冬降雪距平百分率历史变化曲线和(b)2018年青海高原区域(88°—105°E)平均逐日降雪量的时间-纬度剖面图(单位：mm)

5.4.1 大气环流异常特征

本节将针对2018年前冬降雪量偏多异常特征，从大气环流异常及其演变的角度分析其直接原因。2018年前冬500 hPa位势高度距平场上，西欧至东亚呈现“＋－＋”的波列式分布，欧洲为大范围正异常区，斯堪的纳维亚为异常高压中心，负异常自北极向南扩展到西伯利亚甚至贝加尔湖以南地区，青藏高原上空受负异常所控制，极地冷空气可长驱直入进入中国青海，中国东北至日本海附近为正异常区，上述特征在NCEP和ERA5资料中的一致性很高，几乎完全吻合(图5.17a，b)。图5.17c给出前冬EU指数回归的同期500 hPa高度异常场，2018年中高纬的波列结构特征与此非常类似，正好对应欧亚遥相关型(EU)(Barnston et al.，1987)负位相特征。利用公式(2.25)计算得到2018年前冬EU指数为－129 gpm(NCEP)(ERA5：－126.9 gpm)，为近58年来第二低值年(图5.17d)，表明2018年EU信号异常明显，同时值得关注的是，EU指数和高原东北部前冬降雪的滑动相关结果显示，自20世纪90年代以来两者负相关关系变得更加显著(图5.17e)，EU负异常时，欧亚环流经向度增强，利于大范围冷空气沿西北路径影响高原东北部。由此表明，EU可能是影响2018年高原东北部前冬降雪的关

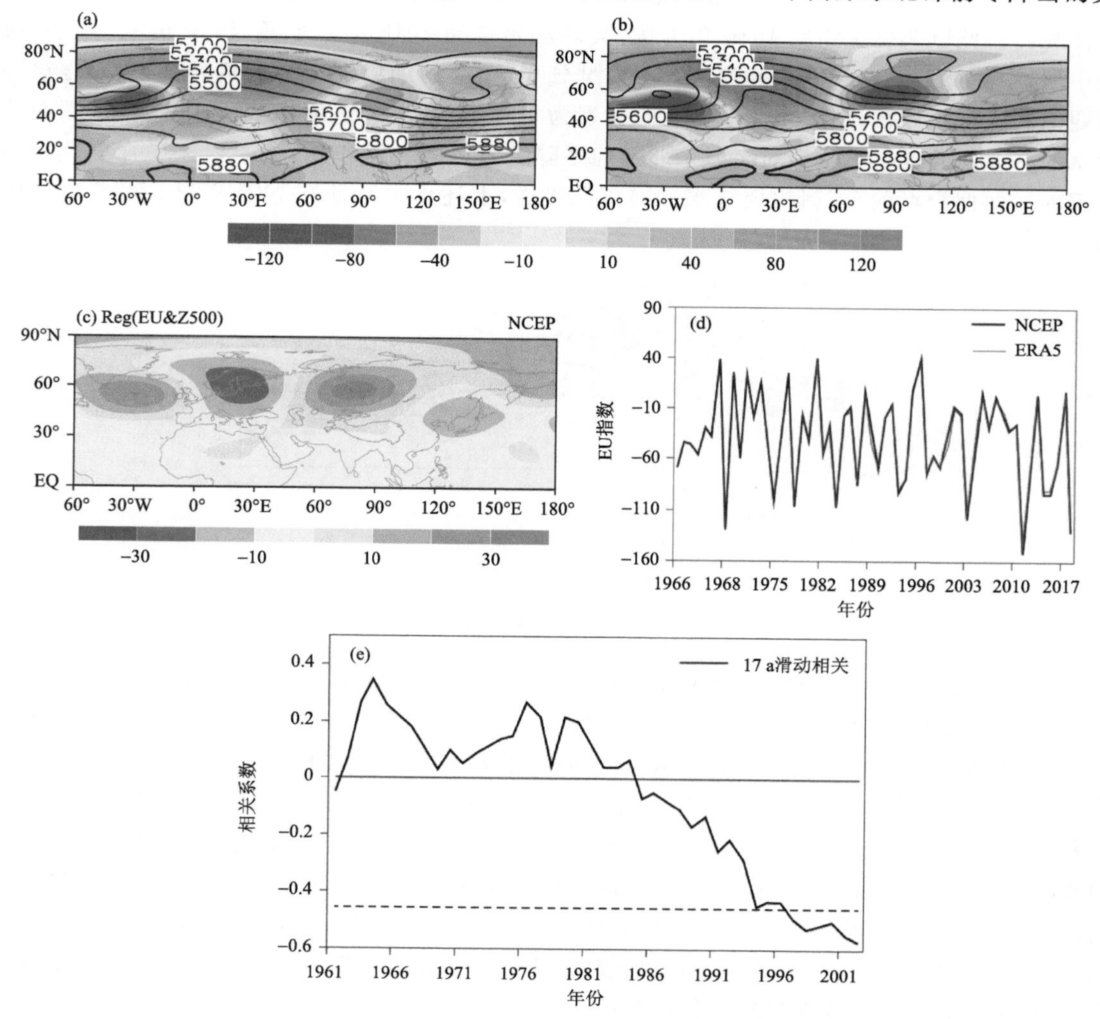

图5.17　(a)2018年前冬500 hPa位势高度场(等值线)及距平场(阴影区)(NCEP)(红线表示气候平均5880 gpm，单位：gpm)；(b)同(a)，但为ERA5；(c)EU指数所回归的500 hPa高度场；(d)基于NCEP和ERA5资料计算的前冬EU指数历史变化曲线；(e)EU指数和降雪的17 a滑动相关图

键系统之一。与此同时，2018 年前冬时期，亚洲区极涡偏强并向南扩展至贝加尔湖乃至青藏高原地区，极地冷空气可长驱直入，经河套进入高原，2018 年前冬共出现 8 次冷空气过程，明显高于历史同期水平(5 次)。

此外，东北亚地区为 Ω 型高压脊所控制，东亚大槽偏弱，东亚和日本地区的高度正异常，这种配置适合锋面在我国南岭及其以北地区较长时间停留，并会加大东亚地区与极锋相伴随的西风，不利于中低层冷空气向中国南方继续推进。与此同时，2018 年前冬时期西太平洋副热带高压偏强且脊点西伸异常明显，甚至越过南海至孟加拉湾地区西伸至 90°E，中东地区为弱的高压脊，向南延伸在非洲东北部至阿拉伯半岛附近形成一个高压中心，与西太平洋副热带高压均呈独立高压体结构，可促使阿拉伯海水汽和南海—西北太平洋的暖湿气流在高原南侧汇合后北上。

2018 年前冬为历史上青海典型多雪年，那么典型少雪年情况如何？是否具有与此相反的特征呢？在此以典型少雪年 1980 年为例，其环流异常同 2018 年几乎相反(图 5.18)，在对流层中层，中高纬地区西欧至东亚为“－＋－”型分布，斯堪的纳维亚半岛为负异常中心，里海—新西伯利亚为正异常，中国东北—日本海附近为负异常，和 EU 正位相特征非常类似，因而这也从另一方面验证了 EU 型对高原东北部前冬降雪发挥的关键作用；同时西太平洋副热带高压偏弱且西伸脊点偏东，制约低纬水汽向高原输送，上述异常特征在 NCEP 和 ERA5 资料中均有体现。

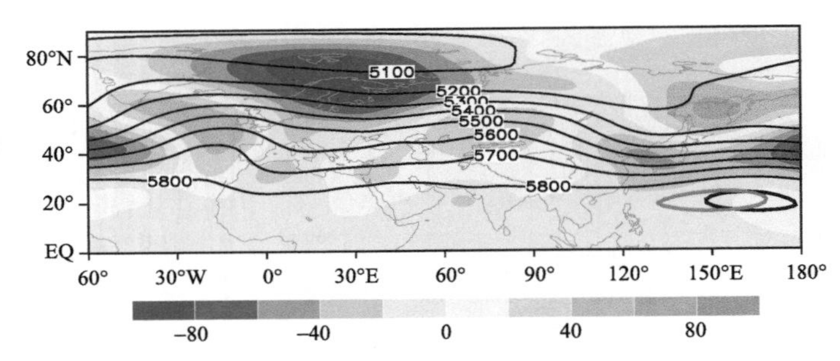

图 5.18　1980 年前冬 500 hPa 位势高度平均场(等值线)和异常场(阴影区)
(等值线为 5880 gpm 的气候平均值，单位：gpm)

图 5.19 给出 2018 年前冬对流层高层纬向风场和低层矢量风场及其异常场，在对流层高层，东亚急流轴南(北)两侧分别为负(正)异常，表明东亚急流增强并向北偏移，受地转风的影响，在急流入口区右侧引起异常上升运动，高原处于急流入口区的右侧，垂直速度异常场的纬度～高度剖面图显示出在 25°—35°N 上升运动显著，正好是高原东北部所在纬度范围内，异常上升运动在对流层中层最显著，为极端降雪提供有利的动力条件。在对流层低层风场上，阿拉伯海附近为异常反气旋性环流，菲律宾附近为反气旋性环流异常，阿拉伯海反气旋环流北侧的偏西风和菲律宾反气旋西侧的偏南风在孟加拉湾地区汇合后北上进入青藏高原，高原上盛行西南风异常。NCEP 和 ERA5 资料均可反映出上述分析结果，其中在 ERA5 资料中特征会更明显，水平风和垂直速度场的异常程度更强。

5.4.2　冷空气和气温条件

高原低涡形成和发展于高原地区，通过调整大气垂直运动对高原及其下游地区的降水具

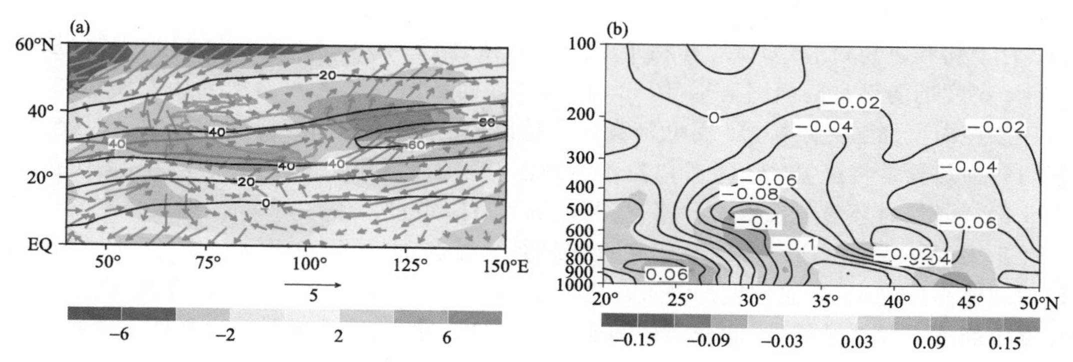

图 5.19　(a)2018 年前冬 200 hPa 纬向风(黑色等值线,单位:m·s^{-1})和 700 hPa 水平风场(矢量箭头,单位:m·s^{-1})及其异常,红色等值线为气候值;(b)沿 89°—105°E 垂直速度剖面图(等值线:原始值;阴影:异常值,单位:Pa·s^{-1})

有重要的影响。亚洲极涡收缩引起东亚地区的高压和 65°N 以北的低压异常发展,从而减弱环流经向度,使高纬地区西风增强但在东亚和高原南部地区有所减弱,而中国中南部地区北风明显增强。研究表明,亚洲极涡对中国中部和西南部气候异常具有重要的影响(Zhu et al.,2018)。在此,利用环流指数来分析 2018 年前冬时期演变特征,如图 5.20 所示,亚洲极涡、巴尔喀什湖—贝加尔湖低槽、高原低涡指数均以负异常为主,有利于冷空气持续不断进入高原引起低温,如 11 月 1—21 日,12 月中旬,正好对应前冬时期的四次主要极端降雪过程。正如 Sung 等(2009)所强调的,极涡增强可加深巴尔喀什湖—贝加尔湖之间的低槽,亚洲区极涡持续负异常,影响巴尔喀什湖至贝加尔湖区低槽异常持续发展,两者呈显著负相关(−0.34,通过 99%置信水平检验),极涡偏强对欧亚经向型环流的维持具有一定作用,这种配置有利于极地大范围冷空气南下直接影响东亚。受亚洲区极涡南压和巴尔喀什湖和贝加尔湖低槽加深的影响,高原高度场持续偏低为主,前冬时期高原高度场和降雪量为显著负相关关系,相关系数为 −0.68,显著通过 99.9%置信水平检验,高原高度场偏低有利于高原低涡的发展和活跃,对降雪偏多具有直接作用。陶诗言(2003)研究也表明,在厄尔尼诺年冬季,冬季高原南侧的西风带低压扰动活跃,利于高原低涡活动,会造成高原地区冬季降雪偏多。

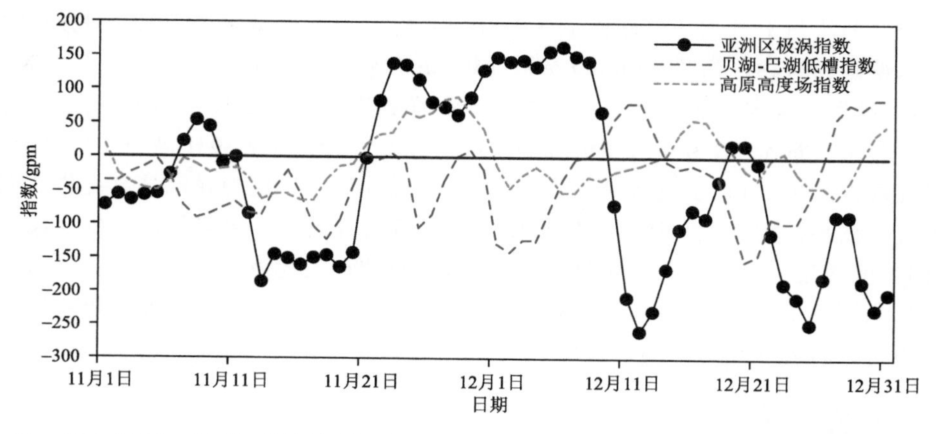

图 5.20　2018 年 11—12 月亚洲区极涡、贝加尔湖—巴尔喀什湖低槽和高原高度场指数逐日演变图

2018 年前冬西伯利亚高压总体偏弱，但期间出现三次明显增强阶段，分别在 11 月前半月、12 月上旬和下旬(图 5.21a)，有利于冬季风阶段性偏强(Wu et al.，2011)。对流层中层 500 hPa 高度场的逐日剖面图显示(图 5.21b)，进入前冬欧亚地区东西向气压差逐渐加大，中高纬环流经向度加强并维持，11 月欧洲高压脊持续偏强，乌拉尔山高压脊则不明显，甚至在 11 月下旬转为负异常特征，进入 12 月乌拉尔山高压脊转强，更利于偏西路强冷空气南下影响高原东北部。降雪对环境气温要求严格，高原地区当日降雪量大于 5 mm 时，地表日平均气温在 0 ℃附近(Cuo et al.，2013)。2018 年高原东北部气温自 11 月开始逐渐降低，至 12 月伴随两次西伯利亚高压增强，降温幅度加强且范围明显东扩，大致降至 0 ℃以下。因此，欧亚环流经向梯度不断增大并持续维持，配合西伯利亚高压的阶段性增强，造成强冷空气南下影响高原东北部，从而为异常降雪创造合适的气温条件。

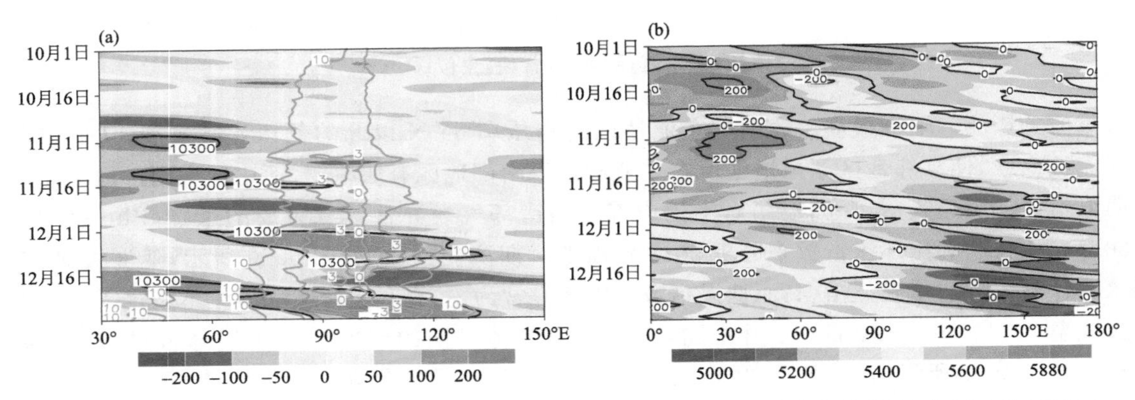

图 5.21　2018 年前冬(a)西伯利亚地区(50°—75°N)平均海平面气压(黑色等值线)及其距平场(填色，单位：gpm)和高原(25°—40°N)地表气温逐日剖面图(绿色等值线，单位：℃)；(b)欧亚中高纬(40°—70°N)500 hPa 高度(填色)及其距平场(等值线)(单位：gpm)

温度平流可反映大气斜压性的强弱，直接对大气热力结构产生影响引起大气物理场的变化。2018 年前冬，对流层上层 200 hPa 上高原上空为西南风异常，主要受冷平流所控制(图 5.22a)，500 hPa 上为暖平流区所覆盖，受西风异常影响(图 5.22b)。研究指出，暖平流异常有利于加强非绝热上升运动，进而引起降水增加(Kosaka et al.，2011)。这种冷暖平流垂直结构差异也易通过非绝热上升运动引起该地区大气层结的不稳定造成异常降水。此外，中层西风异常和降水偏多的这种配置同 Ninomiya 和 Mizuno(1987)的结论相符，Sampe 和 Xie(2010)研究表明，中纬度西风异常可通过自高原向北太平洋的温度平流激发绝热上升运动，配合低纬度南风异常带来大量水汽，为降水提供有利条件。异常上升区主要位于高原东北部，正好是前冬降雪强度最大的区域，且垂直运动异常在对流层中低层最强，这为异常降雪提供有利的动力条件。垂直运动特征验证了上述因水平温度平流在垂直方向上的差异造成大气层结不稳定性的推断，即温度平流引起大气斜压垂直运动异常，继而导致局地降水异常。由此表明，2018 年前冬高原东北部冬季异常降雪不仅与西风异常具有紧密的联系，同时也离不开高层和低层温度平流作用所引起大气斜压结构的变化。

5.4.3　水汽收支异常

水汽输送是影响区域降水(雪)的重要因素之一。北大西洋和欧洲南部地区是冬季中国西

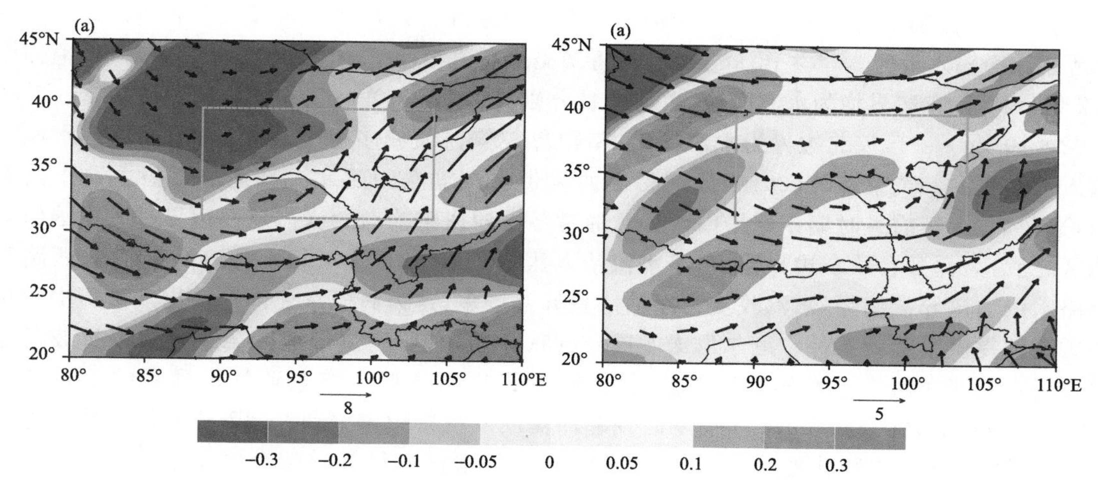

图 5.22　2018 年前冬(a)200 hPa 和(b)500 hPa 水平温度平流(阴影区,单位:$K \cdot s^{-1}$)
和矢量风异常(箭头,单位:$m \cdot s^{-1}$)
(等值线:原始值,阴影:距平值,单位:$Pa \cdot s^{-1}$)

北地区的主要水汽源地(Peng and Zhou,2017),高原东北部同时也位于西北地区中部,2018年前冬为水汽输送辐合异常区(图 5.23),来自北大西洋沿西风带纬向路径向东输送的水汽,在高原东北部形成水汽辐合异常,同时来自西北太平洋的水汽在青藏高原东南部形成明显辐合中心,可能受高原西侧和南侧地形阻挡,暖湿气流沿喜马拉雅山南麓东进,于高原东南侧的横断山脉北上沿偏东南路径进入高原东北部。此时,在青藏高原南部边缘地区也存在明显水汽辐合异常带,可能同样受高原大地形影响所致,徐祥德等(2006)研究表明,来自阿拉伯海—印度洋和南海的水汽在孟加拉湾汇合后所形成的偏南水汽在高原南缘和东南缘分别存在经向、纬向不同分量的转换特征,进而影响高原、西北干旱区的降水分布和极端灾害事件的形成和发展。ERA5 再分析资料也显示出高原大部分区域为水汽辐合,但两者的水汽辐合中心存在一定差异。

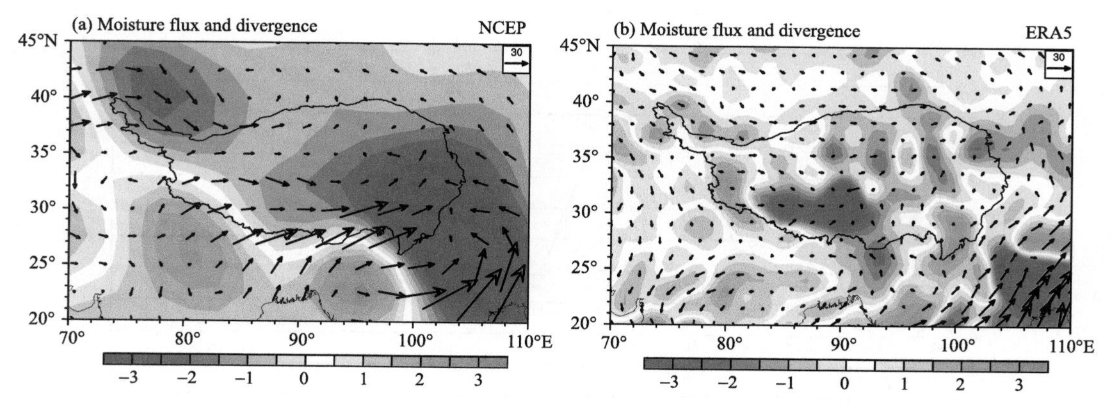

图 5.23　2018 年前冬 500～300 hPa 垂直积分的水汽输送通量距平场(箭头,单位:$kg \cdot m^{-1} \cdot s^{-1}$)
和水汽输送辐合辐散距平场(阴影,单位:$10^{-5} kg \cdot s^{-1} \cdot m^{-2}$)
(a)NCEP;(b)ERA5

图 5.24 分别给出 2018 年和历年前冬时期高原东北部地区水汽收支计算结果，2018 年各边界水汽净输入量为 3.55×10^6 kg·s^{-1}，接近历史最高值年(3.58×10^6 kg·s^{-1})，较气候值偏多 1.2 倍，西、南、东边界均为水汽净输入，输入量分别为 2.72×10^6 kg·s^{-1}、1.35×10^6 kg·s^{-1}和 0.02×10^6 kg·s^{-1}，仅北边界为水汽输出，南边界较气候值偏多幅度最大，而西边界的水汽净输入贡献最大。黄荣辉等(2010)研究得出西风带水汽输送为西北大部地区提供主要水汽来源，这在 2018 年前冬时期正好得以印证。通常冬季西风带输送的水汽从西边界进入中国西北地区之后，大部分会从东边界输出，净水汽输入很少(Yin et al.，2013)。2018 年前冬，西路和南路水汽输送异常偏强，水汽收支为净输入且异常偏多，这为高原东北部地区出现破历史纪录降雪事件提供了关键条件。厄尔尼诺发展年的秋冬季，东亚副热带地区会通过罗斯贝波遥相关作用在菲律宾附近激发异常反气旋性环流，它是厄尔尼诺影响东亚气候异常的重要纽带(Wang B et al.，2002)。2018 年前冬时期菲律宾反气旋持续偏强，11—12 月中旬指数以正位相为主(图 5.25)，该区域受异常反气旋性环流控制，水汽通量异常辐合区位于 30°—40°N 附近(图 5.26)，正好包含高原东北部所在纬度范围，水汽通量异常辐合持续维持，特别是 11 月前半段水汽通量异常偏强，配合温度平流的垂直差异引起的垂直运动异常，为强降雪事件提供水汽和动力条件。前冬菲律宾反气旋指数同高原东北部地区降雪的相关系数为 0.37，达到 99%的置信水平，说明菲律宾反气旋偏强对高原东北部前冬降水异常偏多具有一定作用；12 月中旬后期该指数开始下降并转负，表明西北太平洋地区反气旋性环流日趋减弱并转为气旋性环流异常，水汽通量随之明显减弱并出现持续异常辐散，对应该时段降雪量级和频次较前期 11 月也明显下降。由此可见，2018 年前冬菲律宾反气旋的持续异常为低纬水汽向高原地区输送创造了重要的条件。

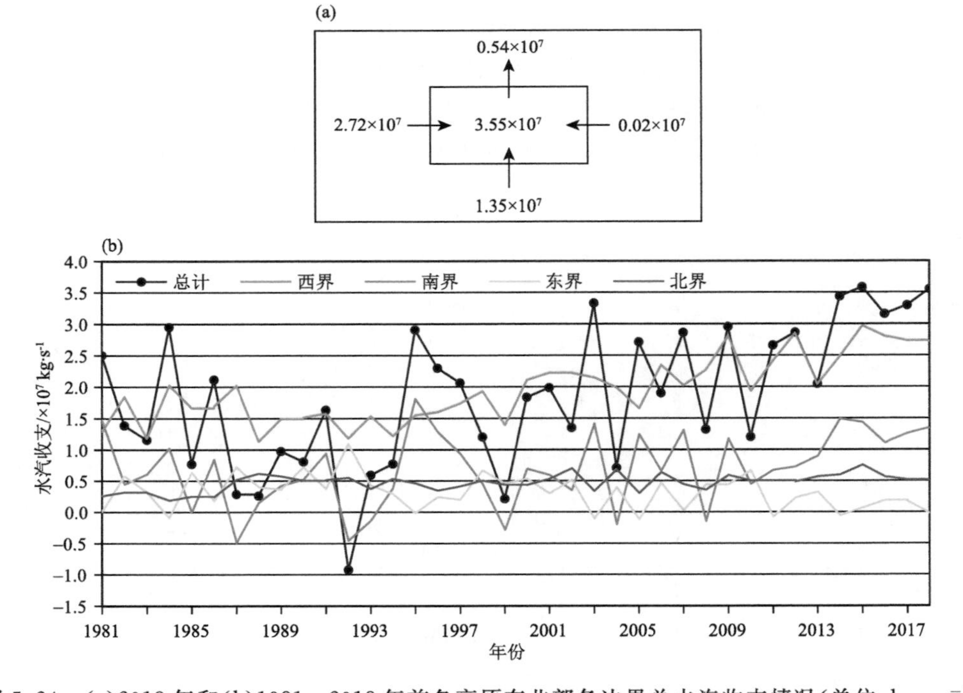

图 5.24　(a)2018 年和(b)1981—2018 年前冬高原东北部各边界总水汽收支情况(单位：kg·s^{-1})

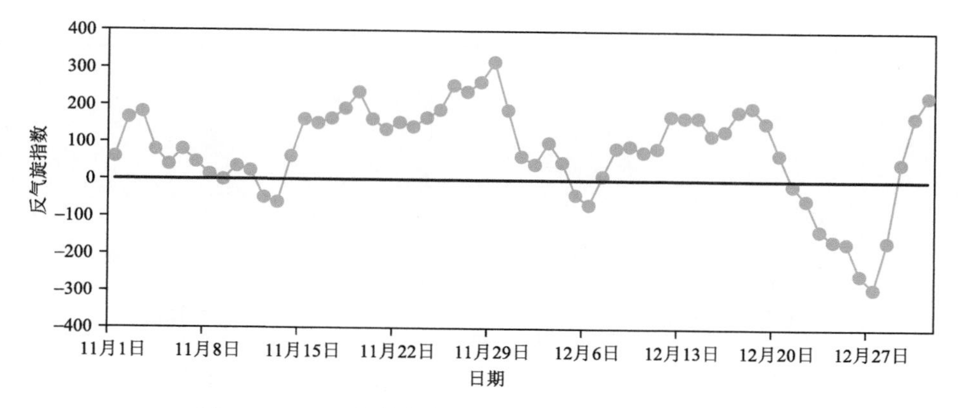

图 5.25 2018 年前冬菲律宾反气旋指数逐日演变曲线

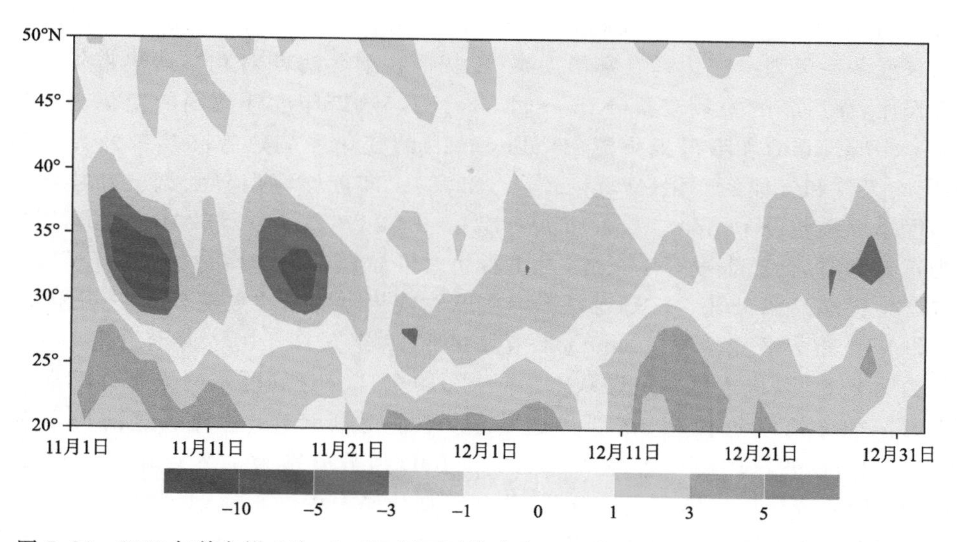

图 5.26 2018 年前冬沿 88°—105°E 剖面平均水汽通量散度距平场的时间-纬度逐日演变

在不考虑地表状况时，水汽输送辐合可分为风场辐合项和湿度平流项，在风场辐合或湿度平流的情况下，利于水汽输送的辐合及降水的形成，相反，在风场辐散或干平流时，水汽输送辐散，不利于降水。2018 年前冬平均风场辐合项和湿度平流项分布情况如图 5.27 所示，高原东北部风场辐合项为正值，表明风场辐合项对水汽输送辐合具有正贡献，湿度平流项以负异常为主（图 5.27a 等值线），水汽通量场的辐合区同风场辐合项的异常区较一致。因此，高原东北部水汽辐合由风场辐合项和湿度平流项共同造成，且风场辐合项高于湿度平流项，总体利于水汽输送辐合，进而引起该地区降水异常偏多，而位于高原腹地的长江源区，其水汽辐散主要由干平流所引起，这可能也是造成长江源区 2018 年前冬降水偏少的主要原因。由此表明，前冬高原东北部水汽输送主要由动力条件影响，这同中国西部地区冬季水汽输送是由动力因子所决定的结论相一致（Yin et al.，2018）。

5.4.4 海温异常的影响

海洋异常信号可通过复杂的海洋动力和热力过程传输或存储，热带海表温度异常通过“大

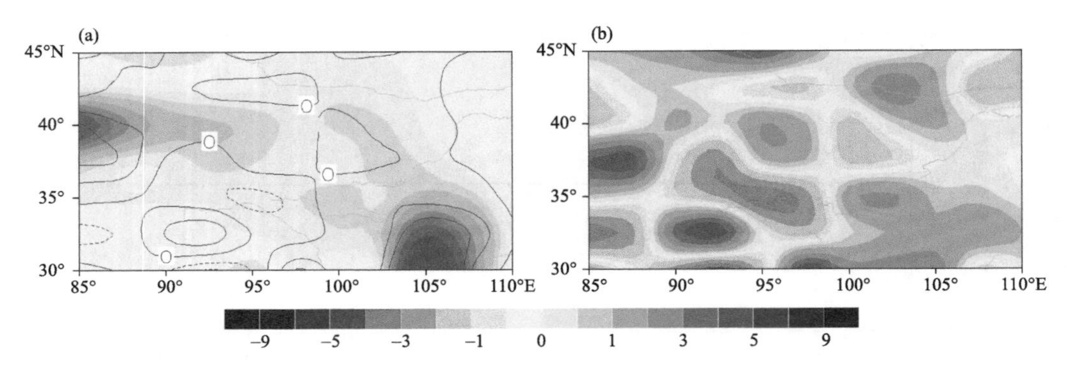

图 5.27　2018 年前冬水汽输送辐合辐散的(a)风场辐合项(阴影)和(b)湿度平流项(等值线)(单位:mm/d)

气桥"作用影响区域气候变化(Alexander et al.,2002;Li,2013a,2013b,2018;Ding,2017)。ENSO 同东亚冬季风强度变化具有密切关系,ENSO 在前冬时期对北半球热带外地区具有显著遥相关作用,而后冬的关系较弱(Kin et al.,2016)。热带印度洋海温的变化会通过沃克环流(Walker circulation)和哈得来环流(Hadley cell)的变化影响热带和热带外大气环流的变化,进而影响天气和气候的变化(Wang et al.,2008)。印度洋海温异常调节和控制东亚季风环流和印度季风系统(Krishnan et al.,2006;Li et al.,2006)。Hu 等(2012)指出,当赤道印度洋海温为正异常时,会产生暖开尔文波,并在西北太平洋和中国华南地区产生反气旋异常,易在该区域产生极端高温天气。IOD 也是影响全球气候年际变化的主模态之一。图 5.28a 给出 Niño3.4 和 IOD 指数演变情况。Niño3.4 指数在 2018 年 5 月开始转为正位相,9 月 Niño3.4 区海温指数为 0.8 ℃,进入厄尔尼诺状态,并于 2019 年 1 月达到厄尔尼诺事件标准。2018 年 IOD 自 2 月至前冬持续正位相,在 9 月达峰值,冬季逐渐衰减,呈现明显的季节锁相特征(Webster et al.,1999),2018 年前冬 Niño3.4 和 IOD 指数分别为 1.2 ℃和 0.5 ℃,均为异常偏高,且 IOD 指数位居历史第三高。此外,前冬孟加拉湾至中国南海地区对流活跃,同时菲律宾群岛以东至日界线以西地区对流异常活跃,西北太平洋对流不活跃(图 5.28b)。通常来讲,厄尔尼诺年赤道西太平洋地区对流活动受到抑制,东亚地区盛行南风异常,东亚冬季风偏弱,低纬水汽输送偏强(Li,1990;Zhang et al.,1996)。2018 年前冬时期,向外长波辐射异常反映了对流活跃区主要位于孟加拉湾和中国南海,同时覆盖菲律宾以东至日界线地区(5.28b)。

在此利用 1961—2018 年高原东北部的降雪量进行标准化处理的指数对前期海温场进行回归,来获取前期海温场季节演变对降水的指示信号。当前冬降水为正异常时,北太平洋海温自春季开始持续正异常,秋季达最强;热带中东太平洋春季为负异常,夏季逐渐转为正位相特征,秋季呈现典型 ENSO 暖异常特征,随季节推进暖异常显著增强,至前冬达最强;热带印度洋海温异常演变呈"西正东负"的偶极型分布,即 IOD 正位相,夏季形成、秋季加强、前冬达最强。因此,高原东北部前冬降雪同热带海温的异常演变紧密联系。

高原东北部前冬降水与 Niño3.4 指数的超前滞后关系(图 5.29a)显示,随着季节推移 ENSO 同降水的关系持续增强,在秋冬季最强,通过 99%以上置信水平。2018 年秋—冬季厄尔尼诺处于发展至峰值阶段,表明随着热带东印度洋暖异常增强,对高原前冬降雪的影响也随之增强。IOD 和前冬降雪的类似关系在图 5.29 中也得以体现,值得注意的是,降雪同 IOD 的关系在夏末秋初开始显著增强,2018 年 9 月 IOD 正值峰期,所以前期 IOD 异常的影响作用也

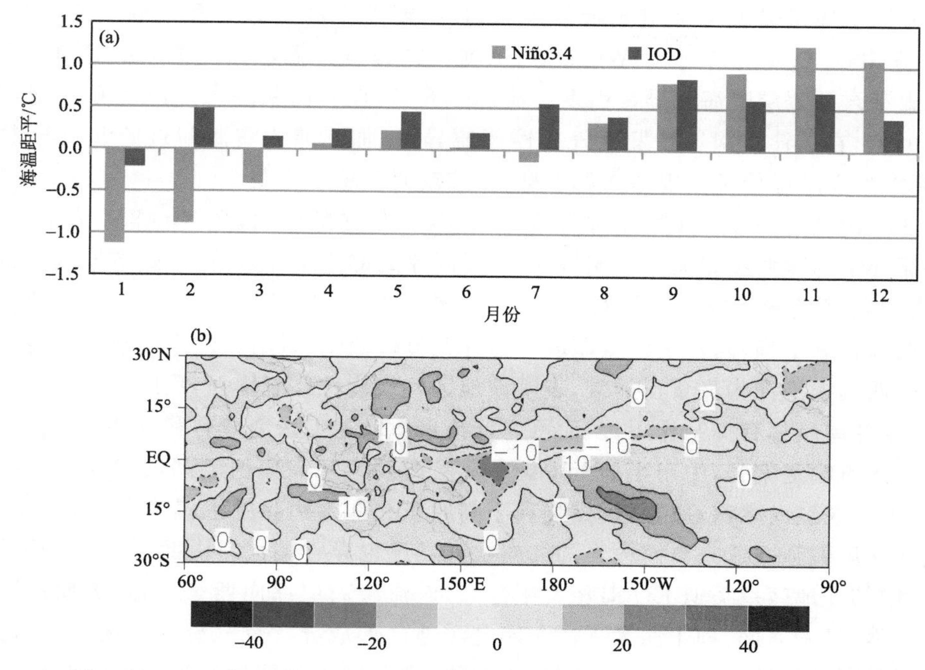

图 5.28 2018 年(a)海温距平逐月演变图(单位:℃)和(b)前冬平均向外长波辐射量(OLR)距平图(单位:W·m⁻²)

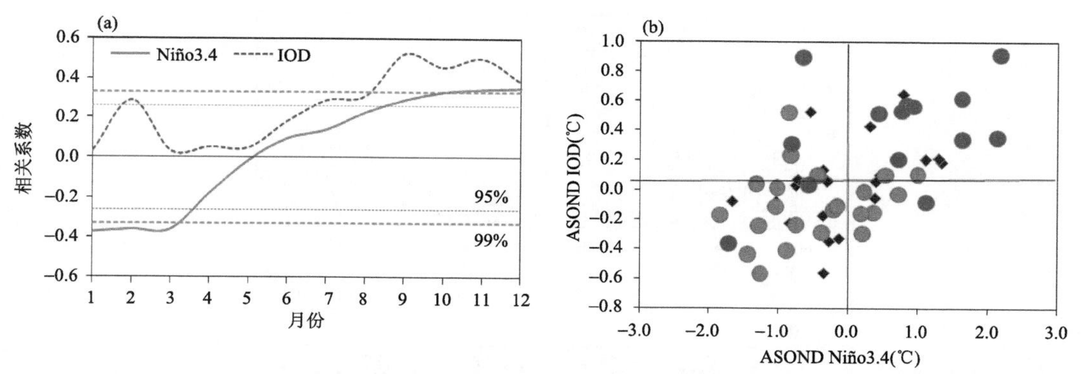

图 5.29 (a)1961—2018 年前冬降水指数和 Niño3.4、IOD 指数的超前滞后相关和(b)前冬降水异常散点图
图(a)中点线和虚线分别表示达到 95%和 99%的置信水平;图(b)中横坐标为 Niño3.4 指数,纵坐标为 IOD 指数,蓝(红)色圆圈分别代表降水异常多(少)的年份,异常年份以正负 0.5 倍标准差作为挑选标准

非常显著。由此表明,2018 年厄尔尼诺和 IOD 均一致利于青藏高原前冬降雪偏多,特别是 Niño3.4 和 IOD 指数分别在秋冬季达峰值,二者对降雪的共同叠加影响,是 2018 年前冬发生极端降雪事件的重要外源强迫因子。

在此分析前期秋—冬季(ASOND)的 Niño3.4 和 IOD 指数对高原东北部前冬降水的影响,图 5.29b 为高原东北部前冬降水异常散点分布图,降水异常多的年份多集中在 Niño3.4 和 IOD 指数为正的年份,降水异常少的年份则相反,集中出现在二者均为负的年份,进一步说明秋冬季赤道中东太平洋和印度洋偶极型海温异常对高原东北部前冬降水的共同作用。因此,Niño3.4 和印度洋偶极型海温正位相时有助于 2018 年前冬高原东北部降雪偏多。

热带海温会通过遥相关强迫热带外大气运动，影响中高纬天气和气候异常（Hoskins et al.，1981；Wallace et al.，1981）。Wang 等（2000，2003）研究揭示出当 ENSO 暖事件发生时，热带中东太平洋的表层暖海水异常引发对流加热异常，使其西侧的大气产生 Gill-Matsuno 响应（Gill，1980），在菲律宾附近激发反气旋性环流异常，加强菲律宾海附近的北风异常冷却海温，使西北太平洋海温异常呈现纬向偶极型，影响东亚冬季风变弱。

图 5.30a 给出了 Niño3.4 指数对前冬 500 hPa 高度场的回归，当 Niño3.4 为正异常时，欧亚水平环流异常为欧亚遥相关型环流特征，同时高原北部为负异常特征，热带地区为显著正异常，2018 年前冬环流异常特征与此相吻合。进一步回归低层风压场后发现，ENSO 暖位相时，高原西侧西风显著增强，阿拉伯海至印度半岛存在显著西南风异常，位于副热带的孟加拉湾—中国南海—西北太平洋为显著正异常，表明该地区反气旋性环流增强，我国东部地区南风显著增强，对东亚冬季风具有抑制作用，从而可为低纬水汽输送偏强创造有利条件。阿拉伯海—印度半岛向北水汽输送偏强，中南半岛—中国东南沿海及青藏高原西侧纬向和经向水汽输送同时偏强，低纬地区经向水汽输送总体偏强利于高原东北部南边界的水汽输入。同时，EU 型遥相关波列使西风偏强造成来自西边界的纬向水汽通量也异常偏强。由此可见，在 ENSO 暖海温背景下，中纬度地区呈类似 EU 遥相关型分布，对流层高层纬向西风增强，进而促使西风带水汽输送偏强；另一方面，利于西太平洋—印度洋地区形成异常反气旋性环流，反气旋西北侧的南风异常易引导低纬地区向北的水汽输送偏强，为高原东北部形成持续性强降水事件提供充沛的水汽条件。

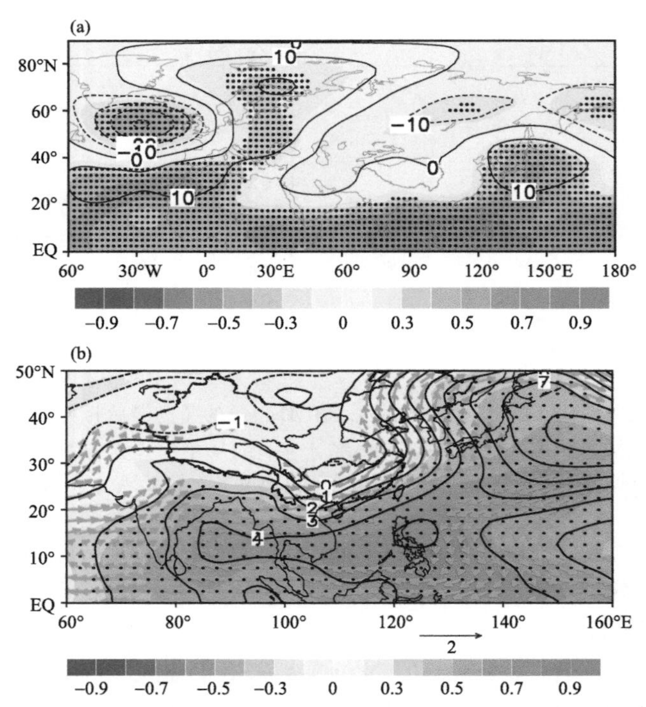

图 5.30　Niño3.4 指数回归的（a）500 hPa 高度场（填色：相关系数，等值线：回归值）；（b）850 hPa 高度场和 700 hPa 风场（箭头：700 hPa 矢量风异常回归值）（通过 95％置信水平检验）

2018年前冬热带地区风压场监测显示(图5.31)，中西太平洋海平面气压场以正距平为主，菲律宾东北侧存在明显正异常区，西北太平洋地区的偏东气流在中国南海附近同南风异常汇合后向北，在中国东南沿海地区形成西南风异常，引导来自西北太平洋和印度洋水汽向中国内陆地区输送。此外，值得注意的是，前冬时期南北太平洋地区海平面气压场为反相型，北太平洋为明显正异常，而南太平洋为弱负异常，当南北太平洋出现这种反相现象时预示ENSO事件将趋于减弱(Ding et al.，2017)，监测实况表明，本次厄尔尼诺事件在12月达到峰值，随后逐渐减弱，正好印证以上研究结论。11月风压场特征同典型厄尔尼诺引起的热带环流和冬季风异常响应特征非常一致，海平面气压的正异常区主要位于赤道西太平洋，在西北太平洋附近存在异常反气旋性环流，中心位于(15°N，120°E)附近，强度偏强，其西北侧为强盛的西南风异常(图5.31)，由上节分析可知，11月西伯利亚高压总体偏弱为主，意味着冬季风偏弱，因此利于低纬水汽向北输送，11月出现较明显的水汽输送通量辐合，这也是11月降雪量级大且持续时间长的重要原因。但进入12月，热带环流调整明显，赤道地区基本为气压负异常所控制，菲律宾反气旋消失，中太平洋北部出现显著正异常区，反气旋性环流异常强盛，海平面气压负异常位于副热带东太平洋北部，整个赤道太平洋地区为西风异常，同典型中部型厄尔尼诺所产生的响应存在一定差异，典型中部型厄尔尼诺的响应表现在赤道西太平洋与东太平洋上均出现东风异常，西风异常仅局限在赤道中太平洋附近(Zhang et al.，1999；Wang B et al.，2002；Yuan et al.，2014a)，说明12月热带环流对ENSO暖事件的响应开始减弱。

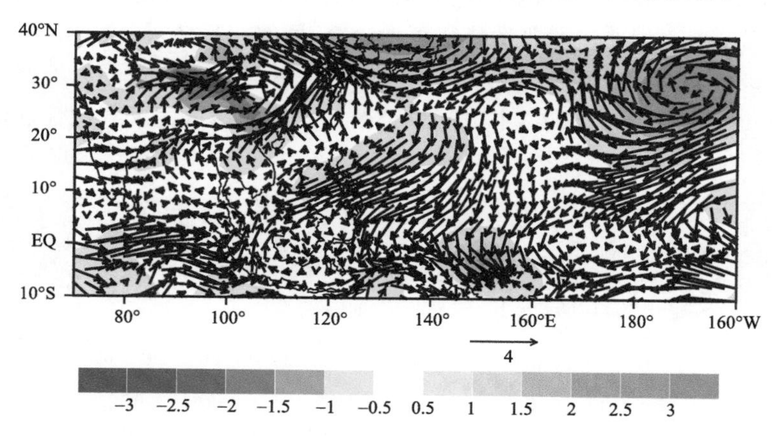

图5.31　2018年前冬赤道太平洋海平面气压距平(阴影，单位：hPa)和850 hPa风矢量(箭头，单位：$m \cdot s^{-1}$)异常场

热带印度洋通常会表现出对厄尔尼诺事件的滞后响应，因而会在厄尔尼诺事件对东亚气候的影响中起到重要“接力作用”(Yang et al.，2007；黄刚，2016)。从秋季IOD指数的回归结果来看，欧亚南部地区亦呈现“－＋－”类似SEA型遥相关型波列，位于东亚的负异常中心位置南落并西移至中亚地区，SEA正位相时有利于中亚和北美中部降水增加。中国西部为负异常所控制，高原高度场明显偏低，极地负异常中心向东偏移至鄂霍茨克海附近，中国东北至日本海及副热带地区仍为正异常(图5.32a)。印度洋海温所产生的热力作用引起地中海上空辐散异常，是激发SEA型遥相关的重要波源(Liu et al.，2014)，这为印度洋海温影响中纬度气候提供一条可能途径，因此，2018年秋季热带印度洋海温异常，对前冬SEA遥相关型的形成具有重要贡献。在对流层低层中亚至中国西部负异常引起高原高度场偏低，高原东南侧为西南

风异常，东北侧为偏东风异常（图 5.32b），增强低纬地区水汽输送异常，一部分水汽沿着高原外围向高原东北部输送，同时受中纬度环流的影响使西风带水汽输送异常偏强，同 ENSO 暖海温产生的低纬地区环流响应非常一致。

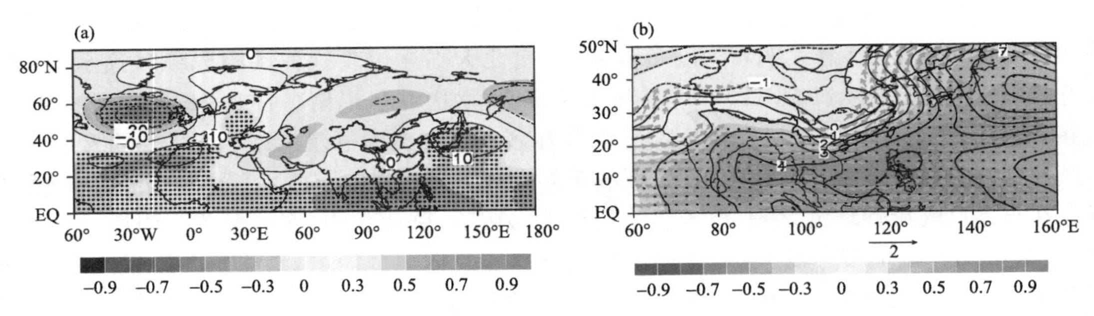

图 5.32　TIOD 指数回归的(a)500 hPa 高度场(填色：相关系数，等值线：回归值)；(b)850 hPa 高度场和 700 hPa 风场(箭头：700 hPa 矢量风异常回归值)(打点区和矢量加粗为通过 99%以上置信水平)

综上分析表明，赤道中东太平洋的暖海温和印度洋偶极型正异常均对前冬中纬度和热带环流异常发挥重要的作用，基于此，进一步分析 Niño3.4 和 IOD 异常对前冬环流的共同影响，选取 Niño3.4 和 IOD 指数距平超过 0.5 倍标准差为异常年，同为正异常时，中纬度波列及异常中心位置同 SEA 型遥相关型的典型特征更加吻合，同时极区负异常向南扩展至中亚及青藏高原地区（图 5.33），对应中亚至中国西部降水偏多，2018 年前冬环流同以上特征更加吻合；低层风场显示近赤道地区为异常东风，中国南海至西北太平洋地区为反气旋性环流异常，符合对

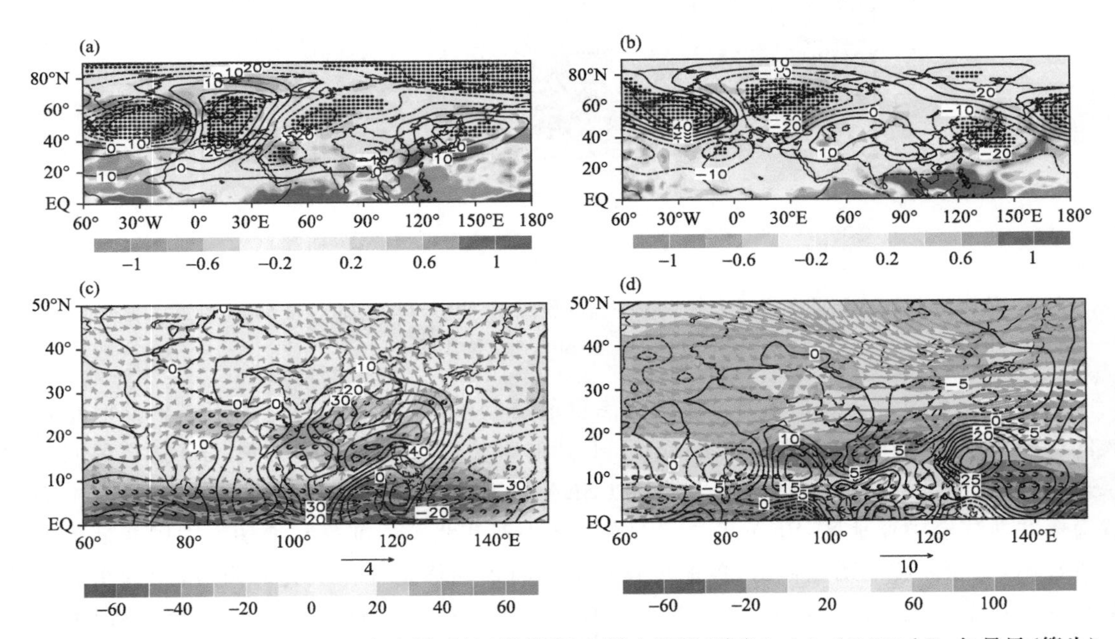

图 5.33　(a)，(b)前冬 500 hPa 高度距平场(等值线)和降水距平(填色)；(c)，(d)850 hPa 矢量风(箭头)和纬向(填色)、经向(等值线)水汽通量距平合成图。(a)，(c)为 Niño3.4 和 TIOD 指数同为正位相；(b)，(d)为二者同为负位相的情况

ENSO暖海温的响应特征，反气旋西北侧盛行西南风，体现为二者共同的叠加效应，青藏高原处在异常西南风控制下，高原东南部位于异常反气旋性环流西北侧，向北的经向水汽通量输送明显偏强，与偏东的纬向水汽通量偏强区重合，导致来自西北太平洋向西的水汽在异常西南风引导下转向北输送，从而使热带地区的水汽在高原东南侧汇合后并向北输送，可见ENSO和印度洋偶极型海温正位相时，二者共同影响使低纬向北的水汽输送异常增强。二者同为负异常时(图5.33b,d)，中纬度环流同上述两种情况正好相反，500 hPa上呈"＋－＋"型分布，矢量风和水汽通量场分布也相反，高原上空为偏东风异常，近赤道地区则为西风异常，高原上为向西的纬向水汽通量异常，高原南北两侧分别为偏东和偏西风异常，对低纬水汽向北输送具有阻挡和抑制作用，经向和纬向水汽通量相比同为正异常时明显减弱。

根据以上分析并结合已有研究成果，在此建立青海高原2018年前冬降水异常的概念模型(图5.34)，2018年前冬北大西洋东北部至欧亚地区出现"－＋－"型波列式分布，同欧亚遥相关型特征非常类似，受其影响，高原上空西风增强，西风带水汽输送随之偏强；ENSO暖位相背景时，中纬度环流同欧亚遥相关型相类似，同时西太平洋副高偏强，高原西侧西风增强，阿拉伯海至印度半岛存在西南风异常，孟加拉湾—中国南海—西北太平洋为正高度异常，反气旋性环流增强，高原大地形影响使我国东部地区南风偏强，对东亚冬季风起到抑制作用；阿拉伯海—印度半岛经向水汽输送偏强，中南半岛—中国东南沿海及青藏高原西侧纬向和经向水汽输送同时偏强，低纬地区经向水汽输送总体偏强利于高原东北部南边界的水汽输入；因此，在ENSO暖海温背景下，一方面，易激发中纬度地区形成EU遥相关型，促使西风带水汽输送异常偏强；另一方面，利于西太平洋—印度洋地区形成异常反气旋性环流，反气旋西北侧的西南风异常可促进低纬度地区向北的水汽输送偏强，进而为高原东北部降水异常提供较好的水汽条件。秋季IOD为正位相时，中纬度环流类似欧亚南部型遥相关，阿拉伯海至菲律宾以东为显著正异常中心，利于西北太平洋反气旋性环流增强，中亚低槽偏强和高原高度场偏低，因此，2018年秋季印度洋偶极型正位相特征，对前冬高原低涡活跃和太平洋—印度洋地区异常反气旋性环流的形成具有直接作用，高原东南侧为西南风异常，东北侧为偏东风异常，来自低纬地区水汽输送异常偏强，一部分沿着高原外围向西北地区输送，同时受中纬度环流的影响使西风带水汽向高原地区的输送异常偏强，同ENSO暖海温产生的低纬地区环流响应非常一致。

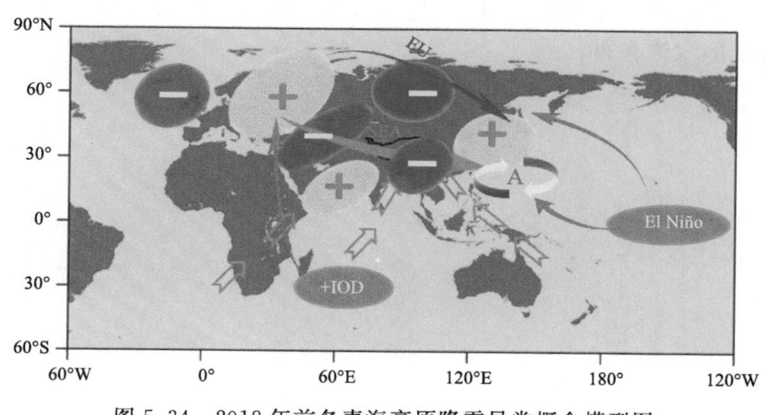

图5.34　2018年前冬青海高原降雪异常概念模型图

综上分析表明，前冬ENSO暖异常可通过Gill-Mastue机制在菲律宾附近产生异常反气旋性环流，同时印度洋偶极型海温正位相也加剧了西南风异常进而增强经向水汽输送，二者共同作用使低纬地区向北的水汽输送偏强，造成青藏高原东北部地区西边界和南边界水汽输入异常偏多，为高原前冬异常降雪提供持续充沛的水汽条件。

5.5 本章小结

本章首先分析影响青藏高原前冬降雪年际异常的关键环流特征，探讨 IOD 和 ENSO 对高原前冬降雪影响的独立和共同作用，并通过 CAM5 数值模式进行模拟验证。接着针对高原东北部 2018 年前冬历史罕见极端降雪异常个例，分别从大尺度环流异常和动力、热力及水汽输送等方面分析了引起前冬降雪异常的原因，并从热带海温的角度探究其可能影响途径，相关结论如下。

(1)研究发现高原前冬降雪和中高纬的一支自西欧至东亚传播的波列联系密切，高原上空受明显气旋性环流所控制、位势高度场上为显著负异常、上升运动明显，同时高原地表气温为负异常。高原主体的气旋性环流异常增强来自阿拉伯海和孟加拉湾地区的西南水汽输送进入高原。

(2)热带海温异常对高原前冬降雪具有密切的联系，IOD 正异常有利于欧亚遥相关型环流，中心位置偏南，有利于引导偏南水汽输入和高原上空的垂直上升运动，IOD 对高原前冬降雪异常发挥了主导作用，相对而言，ENSO 的作用会较弱。

(3)通过 CAM5 数值模拟试验进一步验证 IOD 和 ENSO 在高原前冬降雪异常中的作用，试验很好地体现了两者的独立和共同作用。值得注意的是，CAM5 模式仍然存在一定的不确定性，特别是对于中高纬地区的模拟，这可能就是这项工作中模拟和观测产生误差的原因。

(4)2018 年前冬，高原东北部出现大范围持续性降雪，较历史同期偏多 3 倍，为 1961 年以来历史最多。前冬环流异常表现为北半球极涡偏强，欧亚中纬度为欧亚遥相关型分布，欧亚环流经向度增强；对流层高层和中层分别受冷、暖平流所控制，垂直结构差异使得大气斜压性增强，造成大气层结的不稳定，为强降雪事件提供较好的动力条件。同时，在厄尔尼诺和 IOD 正位相共同作用下，2018 年秋冬季低纬经向水汽输送和中纬度纬向水汽输送均显著增强，青藏高原东北部西边界和南边界水汽输入显著偏多，水汽净收入位列历史第 2，为破纪录降雪事件提供了充足且持续的水汽条件。

第 6 章　多模式对高原前冬降水预测性能评估

6.1　引言

近年来，气候数值模式快速发展，模式预测已成为短期气候预测的有效工具之一。由中国气象局发展的第二代全球大气环流谱模式 BCC_AGCM2.0.1，在极端气温事件（Wu et al.，2012）、夏季雨带的年代际变化（Chen et al.，2012）、季节大气环流异常（朱春子 等，2013）等方面展现出较好的预测性能，并建立了第二代月动力延伸期预测模式业务系统（DERF2.0），对我国月尺度气温和降水的预测能力也明显提升（何慧根 等，2014）。在此基础上，国家气候中心进一步建立了包含全球碳循环和动态植被在内的海-陆-气-冰多圈层耦合的气候系统模式 BCC_CSM1.1，并基于全球 110 km 中等分辨率的 BCC_CSM1.1m 研发了第二代短期气候预测模式系统（吴统文 等，2012），有效提升了东亚夏季风环流和降水预报能力（吴捷 等，2017；顾伯辉 等，2017；郭渠 等，2017）。

欧洲中期天气预报中心（ECMWF）在 20 世纪 90 年代初就建立了基于持续性海温异常强迫、高分辨率的气候预测系统，并于 2004 年发展为集合成员多达 51 个的海气耦合集合预测系统。美国气候预测中心（NCEP/CPC）2011 年推出第二代模式系统 CFSv2，包含了新的云-气溶胶-辐射、陆面、海洋和海冰过程以及新的海陆气资料同化系统，是大气-海洋-陆面全耦合的系统，该模式对于 ENSO 年际变率有较好的模拟能力，对全球热带地区降水和表面气温的预测较上一版本有一定提升。日本气象厅（JMA）的 MRI-CGCM 模式由大气环流模式 AGCM 和海洋环流模式 OGCM 耦合而成。

关于模式预报性能方面的检验，已有研究更多侧重于分析模式对大尺度降水中心、季风系统成员位置和强度模拟以及对 ENSO 这一强信号的响应能力，但对于中高纬度的地区研究较少，特别是模式在青藏高原地区的模拟性能如何？特别是对雪灾较严重的高原冬季降水是否具有一定的预测效果？因此，有必要对不同模式进行历史回报试验，评估其预测性能优劣，并从可预报性角度分析预报技巧来源，以期为高原地区冬季气候预测及雪灾防御提供客观参考依据。

6.2　资料和方法

本章主要选用目前国内外主流的业务模式（表 6.1），分别为中国国家气候中心（BCC）实时发布的季节气候预测模式（CSM），欧洲中期天气预报中心（ECMWF）的海气耦合模式集合预测系统（System5），美国国家环境预报中心（NCEP）发展的第二代全耦合系统（CFSv2），日本东京气候中心(TCC)推出的大气-海洋环流耦合模式(MRI-CGCM)。基于模式原始输出场,利用各模式历史回报时段的平均值计算模式预报的环流场异常值,由于各模式历史回报的起始时间不一致,分别为 1983 年(BCC)、1981 年(ECMWF)、1982 年(NCEP)和 1981 年(TCC),为统一起见,本章选用 1983—2020 年 9 月起报的回报和预报结果,前冬指 11—12 月,台站观测资料取自 1961—2020 年。

表 6.1　气候模式信息列表

来源	名称	预报时效	模式分辨率
BCC	CSM	11 个月	1°×1°
ECMWF	System5	7 个月	1°×1°
NCEP	CFSv2	9 个月	1°×1°
TCC	MRI-CGCM	7 个月	1°×1°

本章主要采用距平相关系数(Anomaly Correlation Coefficient,acc)、时间相关系数(Temporal Correlation Coefficient,tcc)和均方根误差(Root Mean Square Error,RMSE)三项评估指标,从确定性预报的角度客观定量评估模式的预测性能。acc 用来反映预测场同实况场的空间相似程度,根据公式(6.1)计算。tcc 能够表征模式在每个格点的预报能力,可得到预报技巧空间分布,由公式(6.2)计算得来。$i=1,2,3,\cdots,M$ 代表评价区域的格点数,$j=1,2,3,\cdots,N$ 代表时间序列。$x_{i,j}$ 和 $f_{i,j}$ 为观测值和预测值,$\overline{\Delta x_j}$,$\overline{\Delta f_j}$ 分别代表观测和预测区域所有格点时间距平的空间平均值,区域平均时考虑权重系数 $W_i=\cos\varphi_i$,φ_i 为格点所在纬度。acc 和 tcc 的取值范围均在 -1~1 之间,越接近于 1 则表示预报技巧越高。

$$\mathrm{acc}_j=\frac{\sum_{i=1}^{M}(x_{i,j}-\overline{\Delta x_j})\times(f_{i,j}-\overline{\Delta f_j})}{\sqrt{\sum_{i=1}^{M}(x_{i,j}-\overline{\Delta x_j})^2\times\sum_{i=1}^{M}(f_{i,j}-\overline{\Delta f_j})^2}} \tag{6.1}$$

$$\mathrm{tcc}_i=\frac{\sum_{i=1}^{N}(x_{i,j}-\overline{x_i})\times(f_{i,j}-\overline{f_i})}{\sqrt{\sum_{i=1}^{N}(x_{i,j}-\overline{x_i})^2\times\sum_{i=1}^{N}(f_{i,j}-\overline{\Delta f_i})^2}} \tag{6.2}$$

为比较多套资料的效果,利用均方根误差(RMSE),又称标准误差,它是预测与实况偏差的平方与观测时间比值的平方根,计算如下:

$$\mathrm{RMSE}=\sqrt{\frac{1}{N}\sum_{i=1}^{N}(x_i-f_i)^2} \tag{6.3}$$

6.3　历史回报性能评估

图 6.1 为台站观测的青藏高原前冬多年平均降水量和均方差的空间分布图,高原前冬降水量自西北向东南递增(图 6.1a),高原西北部大范围地区前冬降水量不足 3 mm,东南部为高值区,可达 10 mm 以上,是冬季雪灾比较频发的地区。高原前冬降水标准差同样也呈现出西北少—东南多的分布格局(图 6.1b),在降水量级大的区域对应标准差偏大,相反,量级小的区

域标准差则较小，高值区位于横断山脉东西两侧，表明上述地区的前冬降水年际变率较大，这一特征从历年区域平均降水量的变化（图6.1c）中也可得以印证，年际振荡特征突出，尤其自20世纪70年代中期至90年代末，年际振荡频繁且幅度较大。

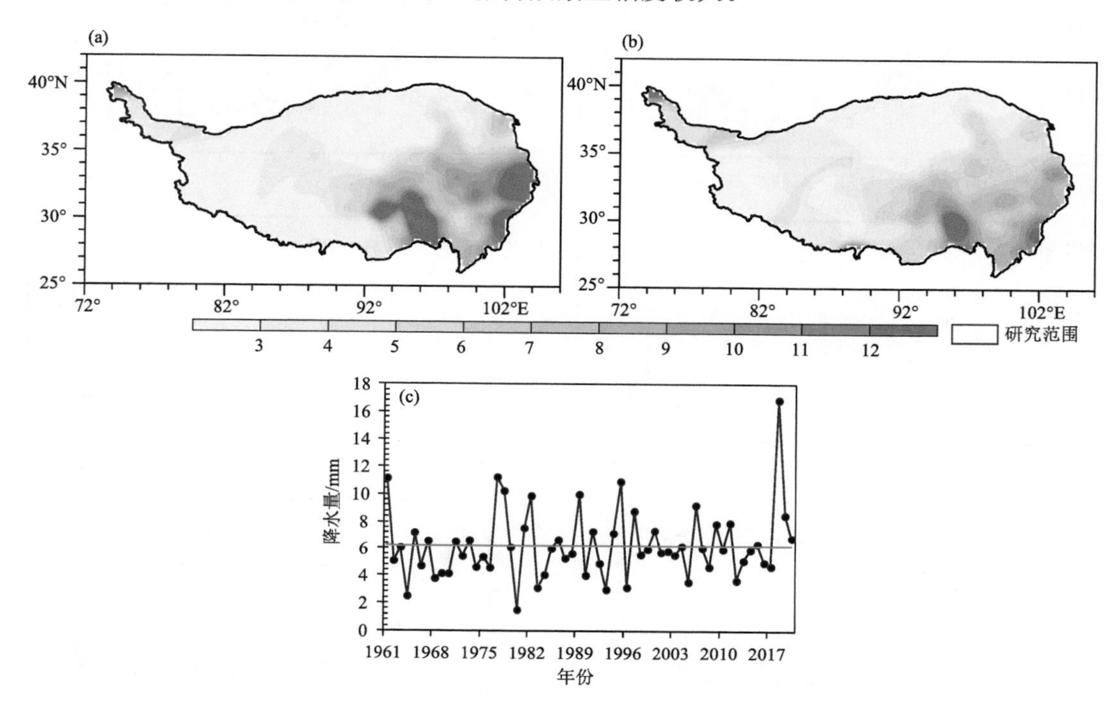

图6.1　青藏高原前冬多年（1983—2020年）平均(a)降水量；(b)标准差分布图和(c)1961—2020年降水量历年变化曲线（单位：mm）

在此根据BCC、EC、NCEP、TCC模式的历史回报结果，分析模式对高原前冬降水特征的刻画能力，包括气候态、时间变率特征和空间变率主模态。图6.2给出高原前冬多年平均降水量的历史回报分布图，对比降水实况，四个模式均能预测出青藏高原前冬降水西北少—东南多的总体分布格局，但降水量有所高估，尤其在降水量级较大的东南部，模式和实况的偏差均较大，BCC和TCC模式均为正偏差，CSM在横断山脉以西、昆仑山脉—柴达木盆地一带的偏差较大，TCC在高原西南边缘地带和横断山脉西侧的偏差较大，EC和NCEP两个模式在高原大部区域高估实际观测值，但分别存在小范围的低估区，这两个模式和实况的偏差整体较小。

降水主模态的模拟刻画能力是反映模式预测性能的重要方面，这里为匹配模式回报时段，同样对1983—2020年的实际观测场和模式回报场进行EOF分解，首先就高原前冬降水历史实况进行EOF分解（图6.3），前三主模态累积方差贡献率为51.4%，经North检验（North et al.，1982）各模态间相互独立，可代表高原前冬降水的主要特征，第一模态方差贡献率为32.7%，空间型几乎呈全区一致型分布，仅位于东南侧的横断山脉附近出现小范围反相荷载区；第二模态为南北反向型，祁连山区—柴达木盆地同高原其他区域呈反相分布特征；第三模态表现为三极型分布，在高原东部地区自北向南呈“＋－＋”型分布，位于高原腹地的三条江河（黄河、长江、澜沧江）源区同其他区域呈反相分布。根据四家模式历年9月起报的前冬降水，同样通过EOF分解提取主模态，发现模式可以刻画出前两个主模态空间分布型，对于第一模

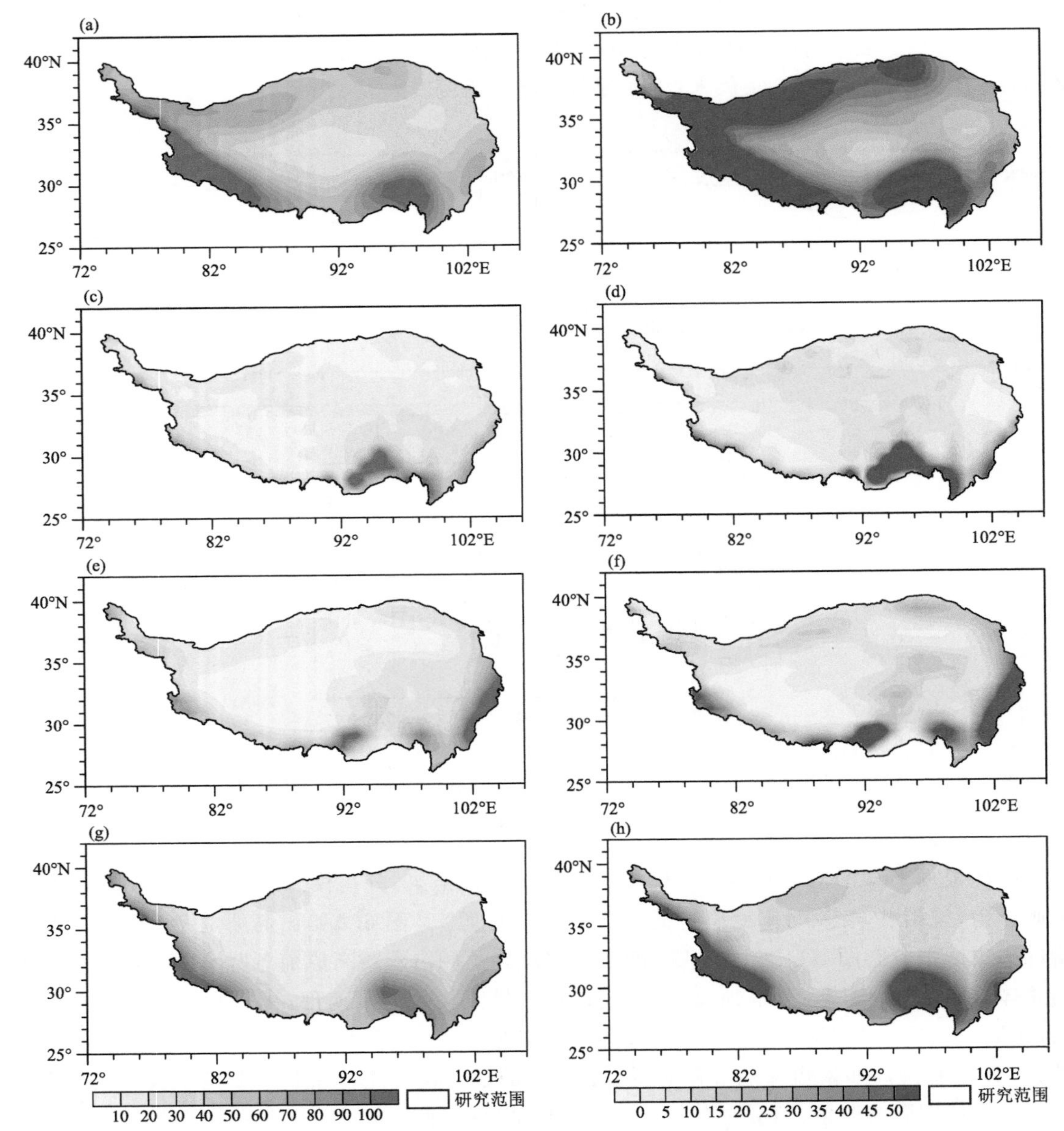

图 6.2　多模式前冬多年(1983—2020 年)平均降水量(左图)及其差值场(右图)(单位:mm)
(a,b)BCC_CSM;(c,d)EC_System5;(e,f)NCEP_CFSV2;(g,h)TCC_CGCM

态,TCC、EC 和 BCC 这三家模式同实况的第一载荷向量场空间相关系数显著通过 0.10 显著性水平检验,模式方差贡献率在 30%左右,其中 BCC(36.1%)最接近实况,EC(42.9%)最高,高估第一模态的主导作用;除 EC 外,其余模式和实况场各自的第一模态时间系数相关性通过 0.05 显著性水平检验,BCC 最高(0.409),显著通过 0.01 显著性水平检验,TCC 次之,EC 最低。各模式对第二模态(南北反向型)的空间刻画能力最佳,空间相关系数显著通过 0.05 显著性水平检验,其中 BCC、EC 和 NCEP 通过 0.01 的显著性水平检验,BCC 最优,空间相关系数高达 0.755。对于第三模态,模式的刻画能力明显减弱,三极型分布特征在模式中均未得到体现,模式

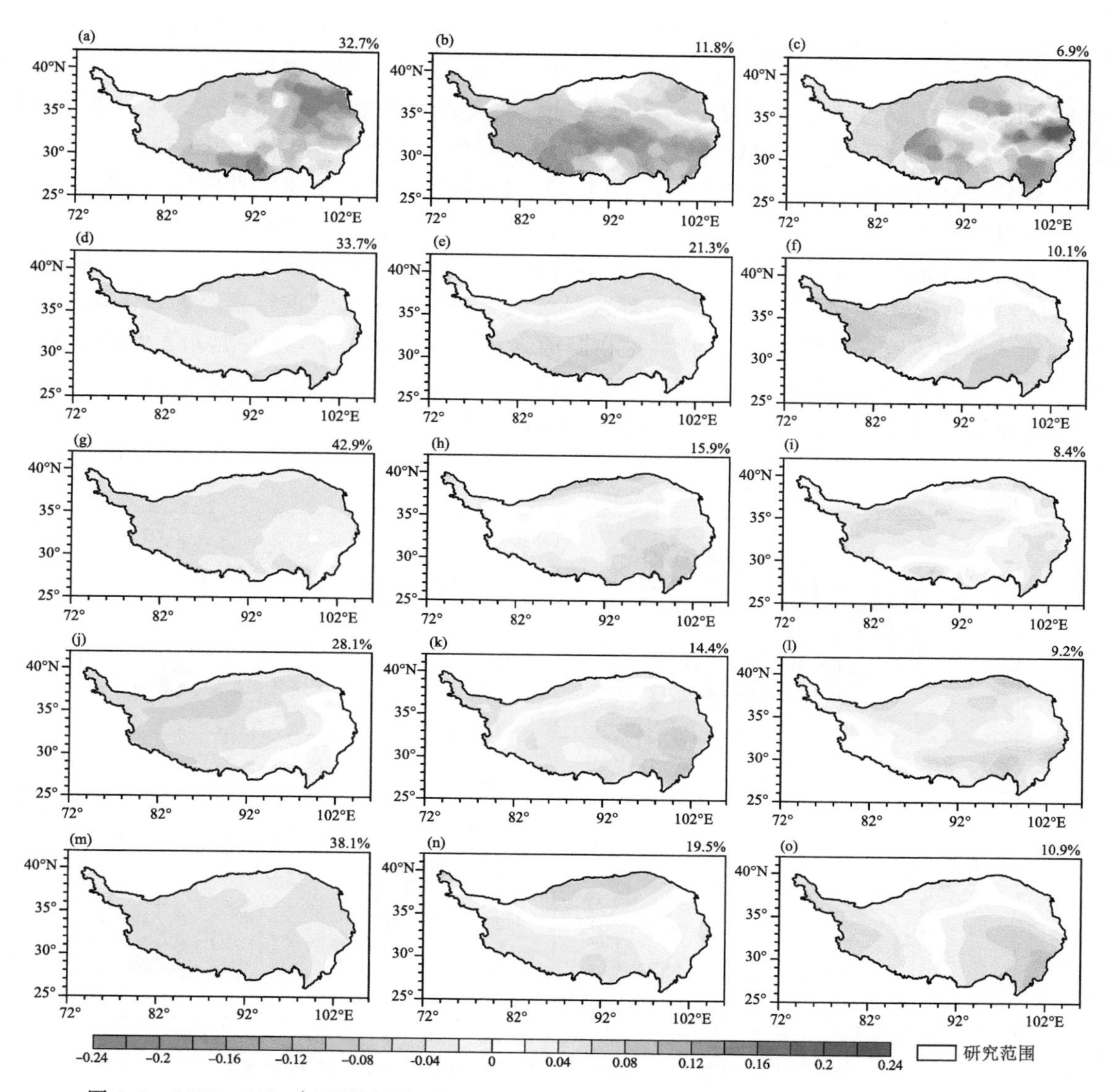

图 6.3　1983—2020 年观测实况 OBS(a,b,c);BCC_CSM(d,e,f);ECMWF_System4(g,h,i);NCEP_CFSV2(j,k,l);TCC_MRI-CGCM(m,n,o)模式中高原前冬降水 EOF 分解的前三模态荷载向量场

在高原西部的载荷向量同实况一致,但在高原东部的模拟能力较弱。模式中第二和第三模态的时间系数相关性均较弱,表明各模式对这两类空间型年际变化特征的刻画能力较弱(表 6.2)。

表 6.2　实况与模式的空间模态相关系数及其时间系数的相关对照表

	EOF1	EOF2	EOF3	PC1	PC2	PC3
BCC	0.359*	0.755***	0.002	0.409**	0.303	0.131
EC	0.382**	0.646***	0.106	0.279	−0.105	0.141
CFS	0.061	0.541***	0.391**	0.305*	−0.103	0.317*
TCC	0.510***	0.443**	0.070	0.403**	0.088	0.013

注:*,**,***,分别表示通过 0.10,0.05,0.01 信度的显著性水平检验。

综上所述,BCC 模式对青藏高原前冬降水主模态的模拟性能最优,可刻画出全区一致型和南北反向型的主模态特征,且时间系数的演变和实况也比较相符,因此 BCC 能更好把握高原前冬降水主模态的时空演变特征。TCC 和 EC 对前两个主模态空间型的刻画均较好,但 EC 夸大了第一模态的方差贡献,CFS 则对全区一致型和三极型分布具有一定的模拟能力。

RMSE 是通过衡量模式预测值和观测值之间的偏差来直观反映模式性能优劣,图 6.4 为基于不同模式和实况资料计算的青藏高原前冬降水均方根误差空间分布图,各模式的 RMSE 在高原北部明显低于南部,这是由于高原北部降水量少于南部,降水基数小偏差有限,高原南部边缘地区的 RMSE 值一致偏大,也是降水量级较大的区域,因此,该结果同客观事实相符。BCC 模式的均方根误差整体偏高,特别是在高原南部和西北部一带,这同图 6.2 中的结果也相对应。TCC 次之,ECMWF 最小,除 BCC 外,其余三家模式的 RMSE 在数值量级和空间分布上都比较类似,同时也印证了上节中模式在高原北部的预测技巧高于南部。

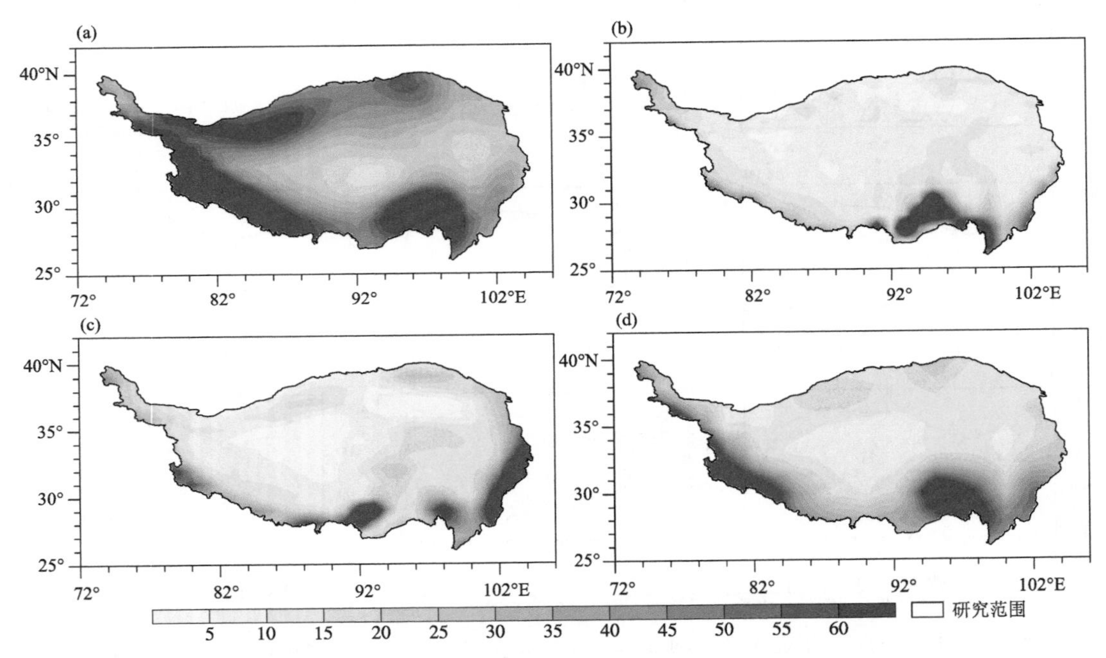

图 6.4 多模式回报的 1983—2020 年青藏高原前冬降水均方根误差空间分布图(单位:mm)
(a)BCC_CSM;(b)ECMWF_System4;(c)NCEP_CFSV2;(d)TCC_MRI-CGCM

图 6.5 为模式历史回报场同实况场的时间相关系数(tcc)分布图,如图 6.5 所示,模式对高原前冬降水预报的 tcc 以正技巧为主,其中 BCC 模式正技巧区覆盖范围和显著相关区较大,相关研究表明 BCC 模式主要对 ENSO 的遥相关影响区域具有较高的预报能力(吴捷 等,2017),青藏高原位于遥相关沿南支路径所影响到的区域,有助于提升该模式在高原地区的预报技巧。EC 在高原中西部为显著正相关区,说明对这些区域具有较好的预测技巧,高原东部的黄河源区和高原西南部出现负技巧,其他区域为正技巧区。NCEP 和 EC 的分布类似,正负技巧落区较一致,显著相关区 EC 模式的范围更大。TCC 模式显著正相关主要位于高原北部地区,高原南部呈负相关,尤其在横断山脉附近为显著负相关区,这同 EC 模式正好相反,因而

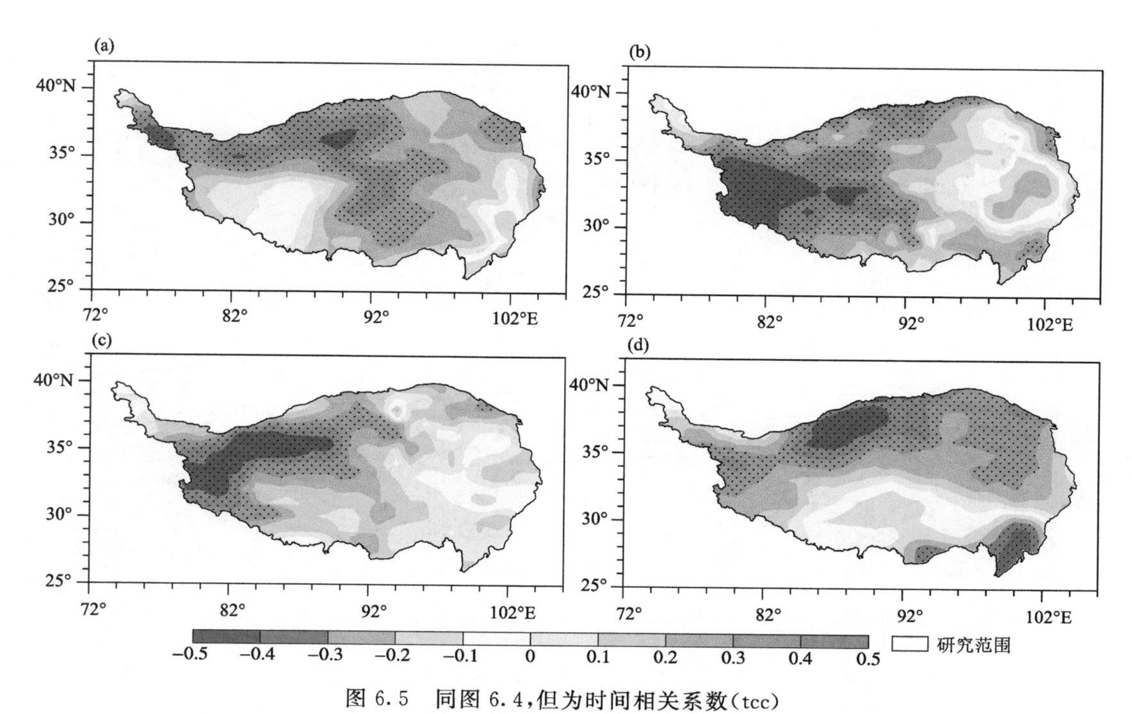

图 6.5 同图 6.4,但为时间相关系数(tcc)

(a)BCC_CSM;(b)ECMWF_System4;(c)NCEP_CFSV2;(d)TCC_MRI-CGCM

在实际应用中对于该区域两家模式可进行互补性参考。就时间相关系数 tcc 这一评估标准而言,BCC 模式的预报技巧最优,EC 优于 NECP,TCC 仅对高原北部具有一定的技巧。

模式对降水的预报技巧会依赖于环流系统的模拟能力,因此,接下来通过对比观测和模拟的环流差异,探讨各模式对降水预测的可能误差来源。以 500 hPa 位势高度场为代表(图 6.6),从 tcc 的空间分布图 6.6 可见,各家模式在低纬热带地区的预报技巧均较高,这可能是由于热带内部自然变率较低且大气能直接对海温异常变化产生合理响应,模式易捕捉这些信号。各模式对中纬地区的预报技巧偏低,甚至出现负技巧区,同中纬度地区大气内部变率不稳定密切相关。BCC 在 40°N 以北除西伯利亚为显著正相关区,其余大片区域呈负相关,高原北部也为负相关区,这可能是 BCC 对高原北部预报误差偏大的直接原因;EC 模式在东北半球的中纬度地区以正技巧为主,中亚及东北亚地区存在显著正相关中心,这些区域对高原前冬降水具有重要影响。NCEP 和 TCC 模式对于中纬度的预测较类似,显著正相关区位于西伯利亚,负相关区位于东北亚及斯堪的纳维亚半岛—乌拉尔山地区,NCEP 在巴尔喀什湖—贝加尔湖的负相关区,会直接削弱降水预测性能。

印度洋和太平洋海温年际变率异常是气候预测的重要信号,ENSO 事件是季节预测最重要的可预报性来源,研究表明,BCC 二代模式对 ENSO 预报的相关技巧与一代模式相比有显著提升(任宏利 等,2016)。那么模式预测性能同海温异常背景是否存在关联?选用 Niño3.4 海温指数和印度洋偶极子(IOD)指数分别代表太平洋和印度洋海温异常,图 6.7 分别给出模式降水 acc 同这两个指数超前和同期相关演变图,Niño3.4 和 IOD 指数同 BCC、TCC 模式预报技巧 acc 存在超前和同期相关,前期 1—5 月海温指数与 BCC、TCC 模式预报技巧的关系微

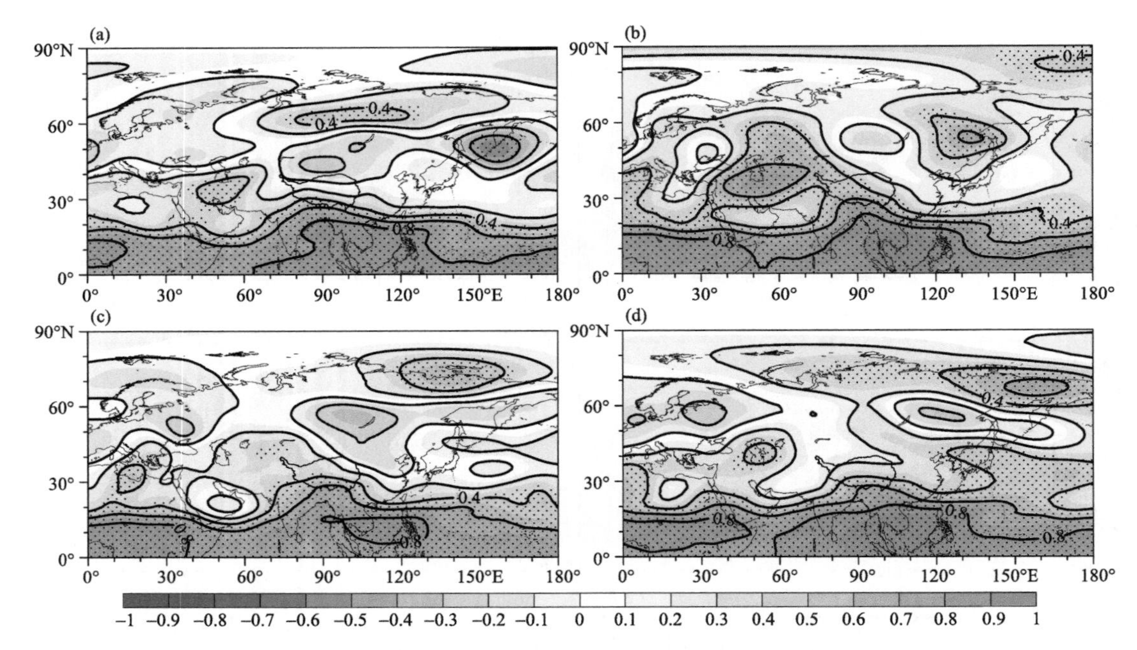

图 6.6　1983—2020 年模式回报的 500 hPa 位势高度场的时间相关系数(tcc)

(a)BCC_CSM;(b)ECMWF_System4;(c)NCEP_CFSV2;(d)TCC_MRI-CGCM

(打点区显示相关系数通过 95%及以上的置信水平检验)

弱,自夏季开始增强、秋季达到峰值、进入冬季减弱,即秋季的 ENSO 事件或印度洋海温异常时,模式的预报技巧会显著提高;但海温指数同 NCEP 和 EC 模式预报技巧的关系则持续偏弱,未通过显著性水平检验。相比 Niño3.4 指数,模式预报技巧对 IOD 指数的依赖性更高,BCC 和 TCC 预报技巧同 IOD 指数的关系均于 10 月份达到峰值,相关系数分别为 0.41 和 0.40,通过 0.05 显著性水平检验,通常 IOD 峰值也会出现在秋季,表明模式预报技巧同热带海温存在关联并具有一定的季节依赖性,9—10 月 IOD 正异常对 BCC 和 TCC 模式预测青藏高原前冬降水具有很好的指示性。

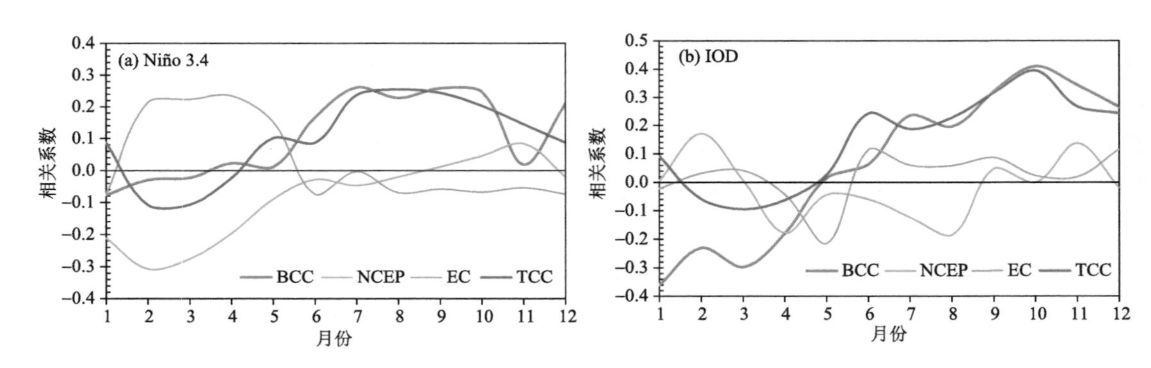

图 6.7　(a)Niño3.4 和(b)IOD 指数同模式 acc 技巧的相关系数逐月演变图

图 6.8 为 BCC 和 TCC 模式预测 acc 分别同前期 9—10 月 Niño3.4 和 IOD 指数的散点关系图,可以发现,当 Niño3.4 和 IOD 为正位相时,模式预报以正技巧为主,这点在 BCC 模式中

表现更突出，相反，为负位相时，模式出现正技巧和负技巧的概率相当，表明模式不确定性增加，值得一提的是，当 IOD 为负位相时 TCC 模式的 acc 以负值为主，说明此时模式无预测能力，由此表明，Niño3.4 和 IOD 的位相对 BCC、TCC 模式预报技巧具有指示作用，二者正位相均有利于这两家模式表现为正技巧，而负位相时模式预测性能的不确定性随之加大，预测能力降低，TCC 模式更依赖于 IOD 位相的变化，IOD 负位相时模式更易出现负技巧。

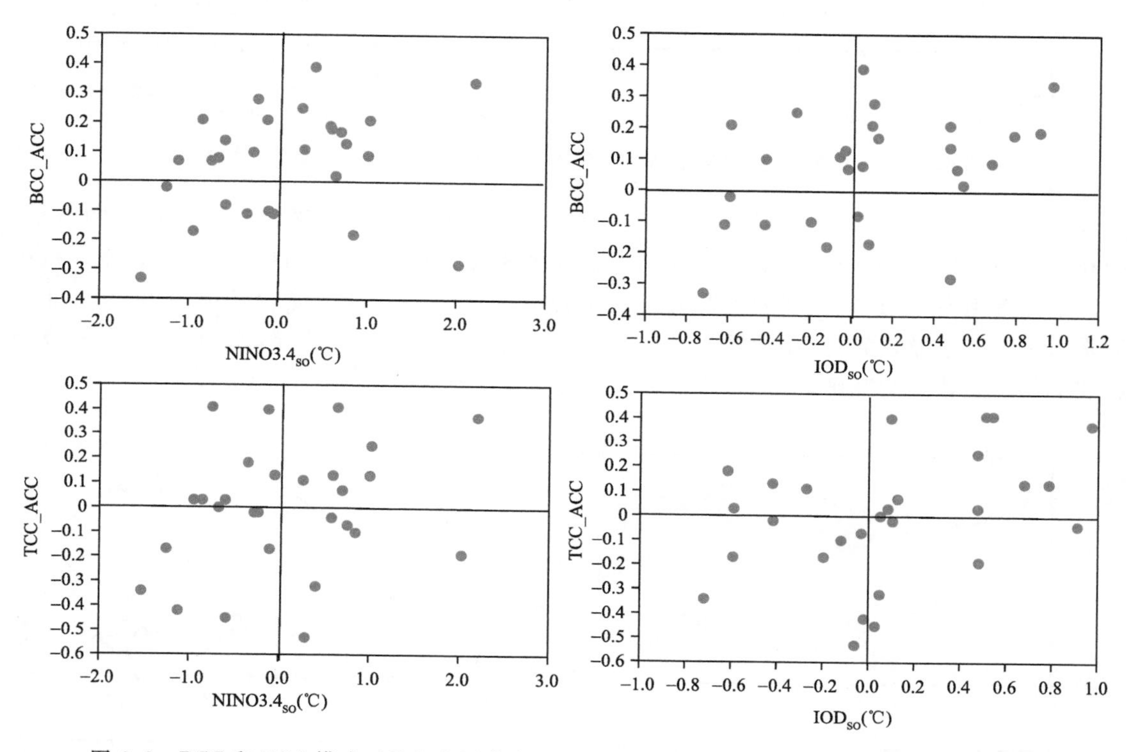

图 6.8　BCC 和 TCC 模式对前冬高原降水预报技巧 acc 同 Nioñ3.4、IOD 指数的散点关系图

6.4　典型个例检验

2018 年青藏高原前冬降水突破历史极值，造成严重雪灾，图 6.9 为 2018 年前冬降水量及其距平百分率，降水高值区位于高原东南部，高原大部地区降水较气候值偏多 1 倍以上，模式对这类降水异常的模拟能力如何？本节针对 2018 年历史典型异常年，检验多模式对极端降水的预测效果，进而评估模式对极端性的预测能力。

图 6.10 给出 2018 年 10 月模式起报的高原前冬降水量及距平百分率分布图，BCC、EC 和 NCEP 模式对高原西北部降水存在一致高估、高原东南部存在低估现象，而 TCC 模式则整体高估，且在高原西南侧高估明显。比较来看，BCC 同实况最接近，偏差可控制在 10%以内，对降水分布型及大值中心具有预测能力；TCC 次之，在高原西南侧偏差较大（高于 20%），其余地区的偏差在 10%左右；EC 和 NCEP 同实测的偏差比较明显。根据降水距平百分率分布，BCC 模式除在高原东侧和南侧和实况存在反相情况，其余大范围地区偏多为主的趋势同实况场相

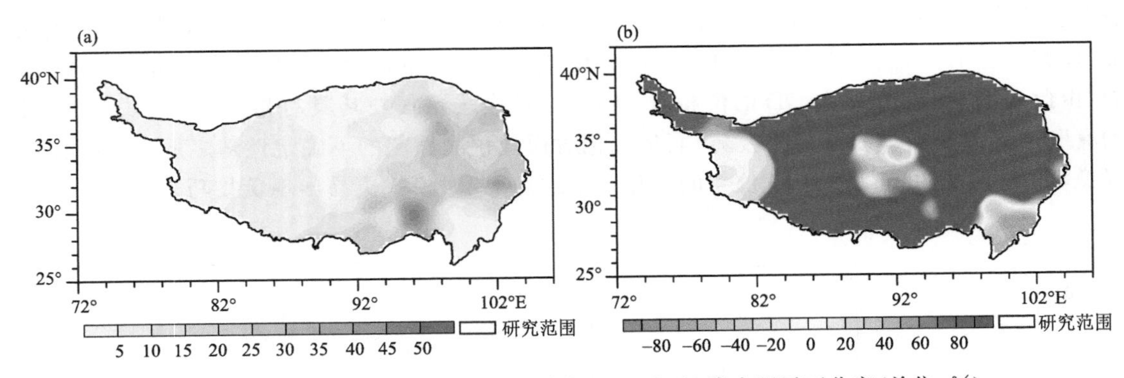

图 6.9 (a)2018 年高原前冬降水量(单位:mm)和(b)降水距平百分率(单位:%)

一致,但在异常程度上同实况存在差异;EC 和 NCEP 仅在高原西北部预测出现偏多的特征,而在 2018 年雪灾异常严重的东南部区域出现预报相反的情况;TCC 的结果是在高原大范围地区以偏多为主,但异常程度远不及实况。综合来看,BCC 和 TCC 能较好预测出 2018 年高原降水偏多的主导趋势,但在异常落区和量级上同实况存在一定的差异,EC 和 NCEP 对高原西北部偏多趋势预测准确,但在高原东南部出现明显误判。

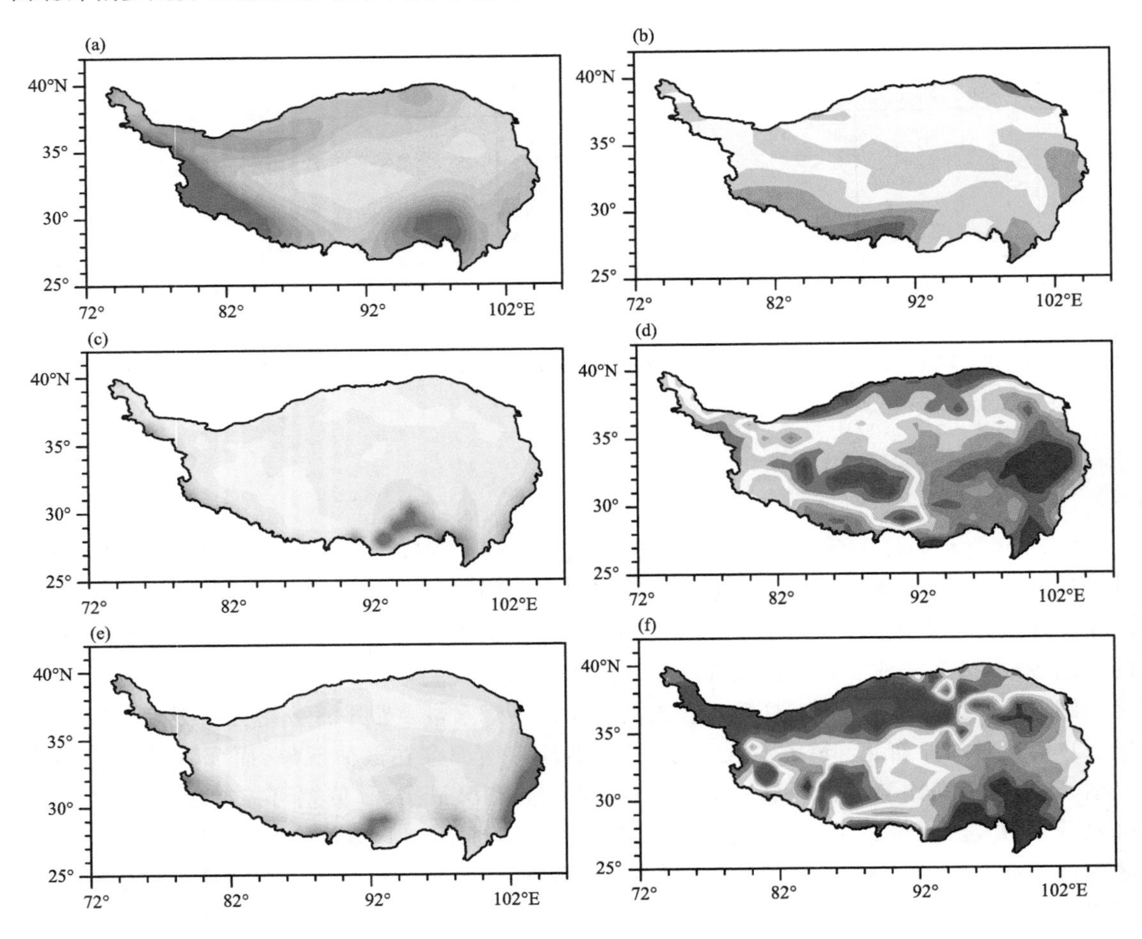

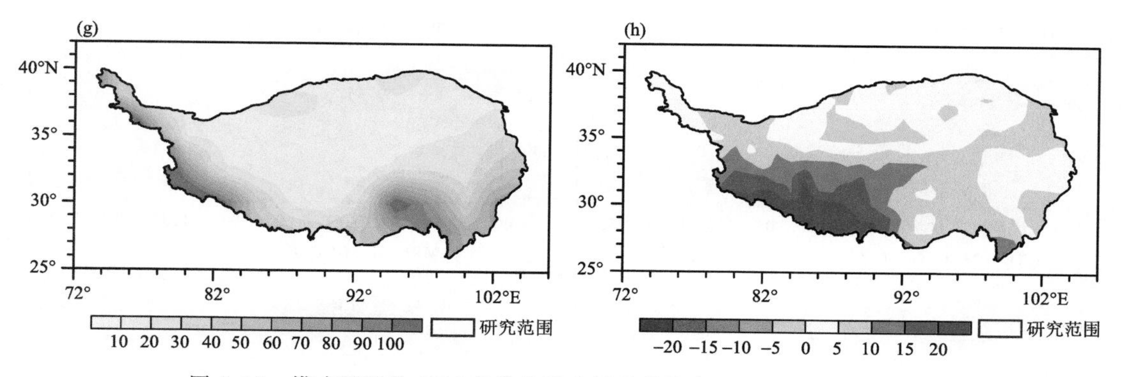

图 6.10　模式预测的 2018 年前冬降水量及其降水距平百分率的分布图

环流是直接影响降水异常的主要因素，分析模式对 2018 年前冬环流场的预测能力，用 NCEP 再分析资料作为参考场。通过对比可见，BCC 模式可预测出中纬度的波列结构（图 6.11），自北大西洋至东亚地区的“－＋－”的波列式分布，大西洋东北部为负异常、斯堪的纳维亚半岛—东欧平原为正异常、贝加尔湖及其以南为负异常，高技巧区与欧亚遥相关型（EU）波列分布类似，BCC 预测的北半球高度距平场同实况场相似系数为 0.533，显著通过 0.01 显著性水平检验，同实况较吻合，对提升降水预测性能具有直接作用，但不足之处是对于巴尔喀什湖—贝加尔湖地区的预测技巧为负，可能会对冬季高原高度场异常产生直接影响，从而削弱对降水的预测性能，而其他模式对中纬度的波列也有所体现，但强度和中心位置存在明显差异，在该区域的预测性能也为负或明显减弱，进一步说明改善模式对冬季中纬度地区的预测性能至关重要，同时也为确定重点改进区域提供一定思路。

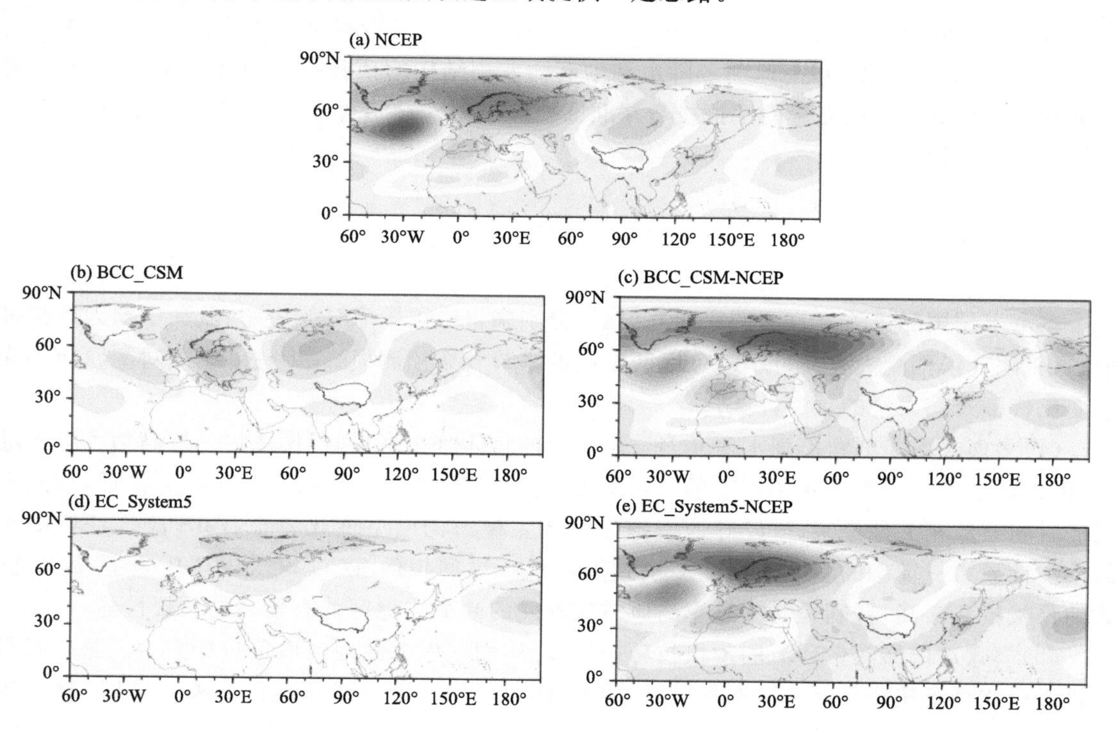

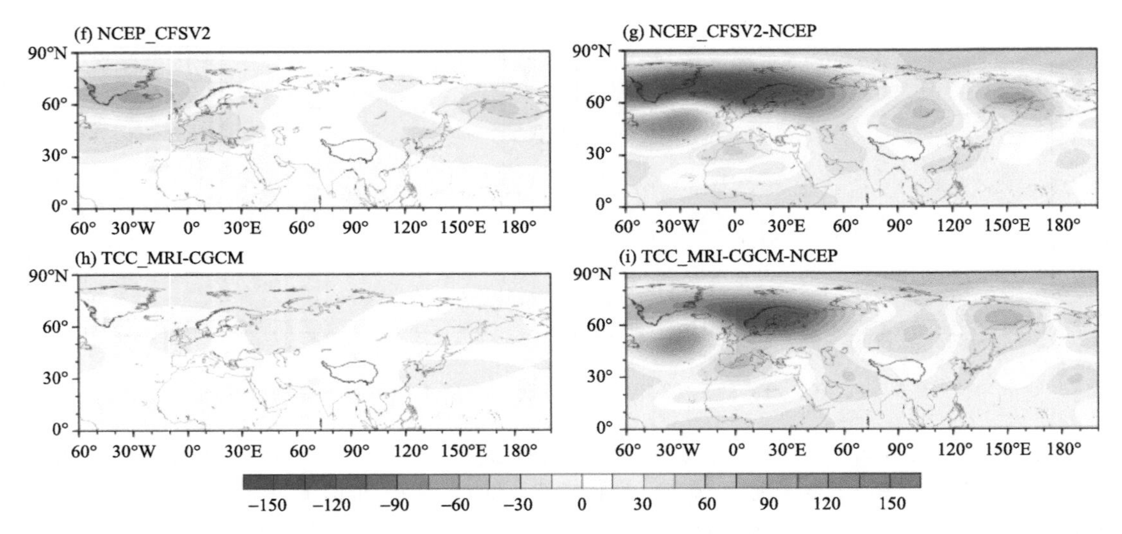

图 6.11　2018 年前冬实况(a)和模式预测的 500 hPa 位势高度距平场(左列)及其差值场(右列)(单位:gpm)

根据 2018 年海温监测实况(图略),2018 年前冬赤道中东太平洋海温异常偏暖,白令海附近为显著正异常,北大西洋地区为北大西洋三极子(North Atlantic SST Tripole,NAT)正位相特征,北印度洋一致偏暖,南印度洋具有西正东负型分布;各个模式场较一致地预测出赤道太平洋地区海温正异常的特征,同时对于北大西洋海温三极子(NAT)正位相结构也均有体现,尤其是 BCC 和 EC 模式对关键区海温的模拟同实况较接近,以 BCC 模式表现最突出,表现在对南印度洋偶极型海温、北大西洋海温、ENSO 暖位相特征均和实况最接近,结合上述分析结果,BCC 模式对 2018 年高原前冬降水和中高纬波列结构的预测技巧均比较高,由此推测模式可通过提高对关键区海温的预报技巧并准确把握海温对热带外地区的遥相关影响,从而提升整体预测性能。

6.5　本章小结

本章采用国际主流推广的四家业务模式,分别来自中国国家气候中心、欧洲中期天气预报中心、美国气候预测中心和日本气象厅所发展的季节气候预测模式,评估多模式对高原前冬降水变化特征及其异常的预测性能。

(1)多模式均能刻画出降水西北多—东南少的整体分布格局,但模式均一致高估了降水量级;模式对全区一致型降水主模态的模拟能力较好,BCC 的方差贡献率和实况更接近,且同实况的时间系数相关性最高,可较好地模拟出降水主模态的时空变化特征,CFS 次之,EC 则较高地估计了第一模态的主导作用。多模式对降水历史回报的 TCC 均以正技巧为主,BCC 模式的预报技巧最高,特别是对于冬季高原雪灾易发的高海拔地区均有较高的预报性能。

(2)模式对低纬热带环流的预报技巧一致较好,而在中纬度地区以负技巧为主。热带海温异常对模式预测技巧具有一定的指示性,夏秋季的 ENSO 事件或印度洋海温异常时,模式的预报技巧会显著提高,海温指数正位相时有利于且秋季出现 ENSO 事件或印度洋偶极型海温正异常时，模式的预报技巧会显著提高，模式预报技巧对 IOD 指数的依赖性更高，初秋 IOD 正异常有利于 BCC 和 TCC 模式对青藏高原前冬降水的预测。

(3)对于 2018 年历史典型异常年，BCC 预测结果更接近实况，偏差可控制在 10%以内，BCC 模式对 2018 年中高纬波列结构的预测技巧较高，对关键区海温的预测同实况较接近，模式可能是通过提高关键区海温的预报技巧并准确把握海温对热带外地区的遥相关影响，从而提升整体预测性能。

参考文献

陈海山，许蓓，2012. 欧亚大陆冬季雪深的时空演变特征及其影响因子分析[J]. 地理科学，32(2)：129-135.

陈文，康丽华，2006. 北极涛动与东亚冬季气候在年际尺度上的联系：准定常行星波的作用[J]. 大气科学，30(5)：863-870.

丑纪范，徐明，2001. 短期气候数值预测的进展和前景[J]. 科学通报，46(11)：890-895.

戴升，申红艳，李林，等，2013. 柴达木盆地气候由暖干向暖湿转型的变化特征分析[J]. 高原气象，32(1)：211-220.

丁瑞强，李建平，2009. 非线性误差增长理论在大气可预报性中的应用[J]. 气象学报，67(2)：241-249.

丁一汇，王遵娅，宋亚芳，等，2008. 中国南方2008年1月罕见低温雨雪冰冻灾害发生的原因及其与气候变暖的关系[J]. 气象学报，66(5)：808-825.

董文杰，韦志刚，范丽军，2001. 青藏高原东部牧区雪灾的气候特征分析[J]. 高原气象，20(4)：402-406.

樊杰，2007. 我国主体功能区划的科学基础[J]. 地理学报，62(4)：12.

封国林，董文杰，龚志强，等，2006. 观测数据非线性时空分布理论和方法[M]. 北京：气象出版社.

高晓清，汤懋苍，1992. 青海湖水位的月际变化[J]. 高原气象，11(3)：305-311.

龚道溢，王绍武，2003. 近百年北极涛动对中国冬季气候的影响[J]. 地理学报，58(4)：559-568.

龚志强，王晓娟，任福民，等，2013. 亚欧中纬度关键区正位势高度距平场配置与中国冬季区域性极端低温事件的联系[J]. 大气科学，(6)：1274-1286.

龚志强，支蓉，侯威，等，2012. 基于复杂网络的北半球遥相关年代际变化特征研究[J]. 物理学报，61(2)：539-547.

顾雷，魏科，黄荣辉，2008. 2008年1月我国严重低温雨雪冰冻灾害与东亚季风系统异常的关系[J]. 气候与环境研究，13(4)：405-418.

何慧根，李巧萍，吴统文，等，2014. 月动力延伸预测模式业务系统DERF2.0对中国气温和降水的预测性能评估[J]. 大气科学，38(5)：15-26.

胡泽勇，1994. 中蒙地温，降水资料网格化处理及一些初步分析结果[J]. 高原气象，13(2)：162-168.

胡增运，倪勇勇，邵华，等，2013. CFS，ERA-interim和MERRA降水资料在中亚地区的适用性[J]. 干旱区地理，36(4)：700-708.

黄荣辉，陈际龙，刘永，2011. 我国东部夏季降水异常主模态的年代际变化及其与东亚水汽输送的关系[J]. 大气科学，35(4)：589-606.

季国良，徐荣星，1990. 青藏高原西部冬季地表净辐射与中国降水的关系[J]. 高原气象，9(1)：22-31.

蒋兴文，李跃清，2010. 西南地区冬季气候异常的时空变化特征及其影响因子[J]. 地理学报，65(11)：1325-1335.

李崇银，1990. 大气中的季节内振荡[J]. 大气科学，14(1)：32-45.

李崇银，穆明权，2001a. 赤道印度洋海温偶极子型及其气候影响[J]. 大气科学，25(4)：433-443.

李崇银，穆明权，2001b. 印度洋偶极子对大气环流和气候的影响[J]. 大气科学进展：英文版，3(5)：831-843.

李栋梁,彭素琴,姚辉,2002.我国西北地区冬季平均气温的气候特征[J].大气科学,12(2):192-199.

李建,宇如聪,陈昊明,等,2010.对三套再分析资料中国大陆地区夏季降水量的评估分析[J].气象,36(12):1-9.

李林,陈晓光,王振宇,等,2010.青藏高原区域气候变化及其差异性研究[J].气候变化研究进展,5(3):6-15.

李宗省,何元庆,辛惠娟,等,2010.我国横断山区1960—2008年气温和降水时空变化特征[J].地理学报,65(5):563-579.

廉毅,谢作威,沈柏竹,等,2010.初夏东北冷涡活动异常与北半球环流低频变化[J].大气科学,34(2):429-439.

梁潇云,钱正安,李万元,2002.青藏高原东部牧区雪灾的环流型及水汽场分析[J].高原气象,21(4):359-367.

刘毓,陈文,2012.北半球冬季欧亚遥相关型的变化特征及其对我国气候的影响[J].大气科学,36(2):423-432.

刘青春,秦宁生,李栋梁,等,2005.印度洋海温的偶极振荡与高原汛期降水和温度的关系[J].高原气象,24(3):350-356.

刘玉莲,任国玉,于宏敏,2012.中国降雪气候学特征[J].地理科学,32(10):1176-1185.

陆日宇,林中达,张耀存,2013.夏季东亚高空急流的变化及其对东亚季风的影响[J].大气科学,37(2):331-340.

欧阳琳,阳坤,秦军,等,2017.喜马拉雅山区降水研究进展与展望[J].高原气象,36(5):1165-1175.

覃郑婕,侯书贵,王叶堂,等,2017.青藏高原冬季积雪时空变化特征及其与北极涛动的关系[J].地理研究,36(4):112-125.

任宏利,刘颖,左金清,等,2016.国家气候中心新一代ENSO预测系统及其对2014/2016年超强厄尔尼诺事件的预测[J].气象,42(5):521-531.

申红艳,陈丽娟,胡泊,等,2017.西北中部夏季降水主要空间型及环流特征[J].高原气象,36(2):455-467.

施能,1996.北半球冬季大气环流遥相关的长期变化及其与我国气候变化的关系[J].气象学报,54(6):675-683.

施能,曹鸿兴,1996.厄尔尼诺发生前的北半球大气环流及我国天气气候异常分析[J].大气科学,20(3):337-342.

施雅风,沈永平,李栋梁,等,2003.中国西北气候由暖干向暖湿转型问题评估[M].北京:气象出版社.

孙秀忠,罗勇,张霞,等,2010.近46年来我国降雪变化特征分析[J].高原气象,29(6):1594-1601.

孙照渤,2010.短期气候预测基础[M].北京:气象出版社.

索渺清,丁一汇,王遵娅,2008.冬半年南支西风中Rossby波传播及其与南支槽形成的关系[J].应用气象学报,19(6):731-740.

王春学,李栋梁,2012.基于MTM-SVD方法的黄河流域夏季降水年际变化及其主要影响因子分析[J].大气科学,36(4):823-834.

王东海,柳崇健,刘英,等,2008.2008年1月中国南方低温雨雪冰冻天气特征及其天气动力学成因的初步分析[J].气象学报,66(3):405-422.

王会军,贺圣平,2012.ENSO和东亚冬季风之关系在20世纪70年代中期之后的减弱[J].科学通报,57(19):1713-1718.

王瑞,李伟平,刘新,等,2009.青藏高原春季土壤湿度异常对我国夏季降水影响的模拟研究[J].高原气象,28(6):1233-1241.

王跃男,何金海,姜爱军,2009.江苏省夏季持续高温集中程度的气候特征研究[J].热带气象学报,25(1):97-102.

魏丽,李栋梁,2003.NCEP/NCAR再分析资料在青藏铁路沿线气候变化研究中的适用性[J].高原气象,22(5):488-494.

吴捷，任宏利，张帅，2017. BCC 二代气候系统模式的季节预测评估和可预报性分析[J]. 大气科学，41(6)：16-29.

吴统文，宋连春，刘向文，等，2012. 国家气候中心短期气候预测模式系统业务化进展[J]. 应用气象学报，24(5)：533-543.

肖子牛，晏红明，李崇银，2002. 印度洋地区异常海温的偶极振荡与中国降水及温度的关系[J]. 热带气象学报，18(4)：335-344.

谢潇，何金海，祁莉，2011. 4 种再分析资料在中国区域的适用性研究进展[J]. 气象与环境学报，27(5)：58-65.

谢爱红，秦大河，任贾文，等，2007. NCEP/NCAR 再分析资料在珠穆朗玛峰-念青唐古拉山脉气象研究中的可信性[J]. 地理学报，62(3)：268-278.

徐寒列，李建平，冯娟，等，2012. 冬季北大西洋涛动与中国西南地区降水的不对称关系[J]. 气象学报，70(6)：1276-1291.

徐祥德，陈联寿，2006. 青藏高原大气科学试验研究进展[J]. 应用气象学报，17(6)：756-772.

徐影，丁一汇，赵宗慈，2001. 美国 NCEP/NCAR 近 50 年全球再分析资料在我国气候变化研究中可信度的初步分析[J]. 应用气象学报，12(3)：337-347.

杨莲梅，张庆云，2007a. 新疆北部汛期降水年际和年代际异常的环流特征[J]. 地球物理学报，2(6)：412-419.

杨莲梅，张庆云，2007b. 夏季东亚西风急流 Rossby 波扰动异常与中国降水[J]. 大气科学，31(4)：586-595.

杨远东，1984. 河川径流年内分配的计算方法[J]. 地理学报，39(2)：218-227.

姚姗姗，王慧，2015. 高原冬季积雪异常对江淮流域夏季降水的影响[C]//第 32 届中国气象学会年会 S23 第五届研究生年会.

俞亚勋，王劲松，李青燕，2012. 西北地区空中水汽时空分布及变化趋势分析[J]. 冰川冻土，25(2)：149-156.

赵天保，符淙斌，2006. 中国区域 ERA-40，NCEP-2 再分析资料与观测资料的初步比较与分析[J]. 气候与环境研究，11(1)：14-32.

张录军，钱永甫，2003. 长江流域汛期降水集中程度和洪涝关系研究[J]. 地球物理学报，47(4)：622-630.

张晓玲，肖子牛，李跃凤，2012. ENSO 背景下印度洋偶极子海温异常对中国冬季降水的影响[J]. 热带气象学报，28(5)：621-632.

张宇，李耀辉，魏林波，等，2013. 南亚高压与西太平洋副热带高压对我国西南地区夏季降水异常的影响[J]. 干旱气象，31(3)：464-470.

张自银，龚道溢，郭栋，等，2008. 我国南方冬季异常低温和异常降水事件分析[J]. 地理学报，63(9)：14：899-912.

朱春子，李清泉，王兰宁，等，2013. 基于 T106L26 全球大气环流模式的夏季集合预报[J]. 大气科学学报，36(2)：192-201.

ALEXANDER M A，BLADÉ I，NEWMAN M，et al，2002. The atmospheric bridge：The influence of ENSO teleconnections on air-sea interaction over the global oceans[J]. Journal of climate，15(16)：2205-2231.

ASHOK K，GUAN Z，YAMAGATA T，2001. Impact of the Indian Ocean dipole on the relationship between the Indian monsoon rainfall and ENSO[J]. Geophysical Research Letters，28(23)：4499-4502.

BARLOW M，HOELL A，COLBY F，2007. Examining the wintertime response to tropical convection over the Indian Ocean by modifying convective heating in a full atmospheric model[J]. Geophysical research letters，34(19).

BARNSTON A G，LIVEZEY R E，1987. Classification，seasonality and persistence of low-frequency atmospheric circulation patterns[J]. Monthly weather review，115(6)：1083-1126.

BEHERA S K，YAMAGATA T，2003. Influence of the Indian Ocean dipole on the Southern Oscillation[J]. Journal of the Meteorological Society of Japan. 81(1)：169-177.

BENISTON M，DIAZ H F，BRADLEY R S，1997. Climatic change at high elevation sites：an overview[J].

Climatic Change, 36(3): 233-251.

BRANSTATOR G, FREDERIKSEN J, 2003. The seasonal cycle of interannual variability and the dynamical imprint of the seasonally varying mean state[J]. Journal of the Atmospheric Sciences, 60(13):1577-1592.

BUEH C, NAKAMURA H, 2007. Scandinavian pattern and its climatic impact[J]. Q J R Meteor Soc, 133 (629): 2117-2131.

CHERCHI A, GUALDI S, BEHERA S, et al, 2007. The influence of tropical Indian Ocean SST on the Indian summer monsoon[J]. Journal of Climate, 20(13):3083.

CHANGE I C, 2007. The physical science basis[J]. Contribution of working group I to the Fourth Assessment Report of the Intergovernmental Panel on Climate Change, 996.

CHE T, LI X, JIN R, et al, 2008. Snow depth derived from passive microwave remote-sensing data in China [J]. Annals of Glaciology, 49: 145-154.

CHEN G, HUANG R, 2012. Excitation mechanisms of the teleconnection patterns affecting the July precipitation in northwest China[J]. Journal of Climate, 25(22): 7834-7851.

CHEUNG H N, ZHOU W, MOK H Y, et al, 2012. Relationship between Ural-Siberian blocking and the East Asian winter monsoon in relation to the Arctic Oscillation and the El Niño-Southern Oscillation[J]. Journal of Climate, 25(12): 4242-4257.

CHEUNG H N, ZHOU W, SHAO Y, et al, 2013. Observational climatology and characteristics of wintertime atmospheric blocking over Ural-Siberia[J]. Climate dynamics, 41(1): 63-79.

CHOW K C, CHAN J C L, SHI X L, et al, 2008. Time-lagged effects of spring Tibetan Plateau soil moisture on the monsoon over China in early summer [J]. Int J Climatol, 28: 55-67. doi:10.1002/joc.1511.

CUO L, ZHANG Y, WANG Q, et al, 2013. Climate change on the northern Tibetan Plateau during 1957—2009: Spatial patterns and possible mechanisms[J]. Journal of Climate,26(1): 85-109.

CUO L, ZHANG Y, PIAO S, et al, 2016. Simulated annual changes in plant functional types and their responses to climate change on the northern Tibetan Plateau[J]. Biogeosciences, 13(12): 3533-3548.

CUO L, ZHANG Y, 2017. Spatial patterns of wet season precipitation vertical gradients on the Tibetan Plateau and the surroundings[J]. Scientific Reports,7(1): 1-10.

DANCO J F, DEANGELIS A M, RANEY B K, et al, 2016. Effects of a warming climate on daily snowfall events in the Northern Hemisphere[J]. Journal of Climate, 29(17): 6295-6318.

DAI L, CHE T, DING Y, et al, 2017. Evaluation of snow cover and snow depth on the Qinghai-Tibetan Plateau derived from passive microwave remote sensing[J]. The Cryosphere, 11(4): 1933-1948.

DING Q, WANG B, 2005. Circumglobal teleconnection in the Northern Hemisphere summer[J]. Journal of climate, 18(17): 3483-3505.

DING Y H, WANG Z Y, SONG Y F, 2008. Causes of the unprecedented freezing disaster in January 2008 and its possible association with the global warming [J]. Journal of Meteorological Research, 66(5): 808-825.

DING Q, WANG B, WALLACE J M, et al, 2011. Tropical-extratropical teleconnections in boreal summer: Observed interannual variability[J]. Journal of Climate,24(7): 1878-1896.

DING R, LI J, TSENG Y, et al, 2017. Joint impact of North and South Pacific extratropical atmospheric variability on the onset of ENSO events[J]. Journal of Geophysical Research: Atmospheres, 122(1): 279-298.

DOGAR M M, KUCHARSKI F, AZHARUDDIN S, 2017. Study of the global and regional climatic impacts of ENSO magnitude using SPEEDY AGCM[J]. Journal of Earth System Science, 126(2): 30.

DOGAR M M, KUCHARSKI F, SATO T, et al, 2019. Towards understanding the global and regional climatic impacts of Modoki magnitude[J]. Global and Planetary Change, 172: 223-241.

DONG B, VALDES P J. 1998. Simulations of the Last Glacial Maximum climates using a general circulation model: prescribed versus computed sea surface temperatures[J]. Climate Dynamics, 14(7): 571-591.

DONG W, WEI Z, FAN L, 2001. Climatic character analyese of snow disasters in east Qinghai-Xizang Plateau livestock farm[J]. Plateau Meteorology, 20(4): 402-406.

DONG L, ZHOU T, WU B, 2014. Indian Ocean warming during 1958-2004 simulated by a climate system model and its mechanism[J]. Climate Dynamics, 42(1-2): 203-217.

DUAN A, XIAO Z, 2015. Does the climate warming hiatus exist over the Tibetan Plateau? [J]. Scientific Reports, 5(1): 1-9.

DU Y, XIE S P, 2008. Role of atmospheric adjustments in the tropical Indian Ocean warming during the 20th century in climate models[J]. Geophysical Research Letters, 35(8).

FAN L, LIU Q, WANG C, et al, 2017. Indian Ocean dipole modes associated with different types of ENSO development[J]. Journal of Climate, 30(6): 2233-2249.

FASULLO J A, 2004. Stratified diagnosis of the Indian monsoon-Eurasian snow cover relationship[J]. Journal of Climate, 17(5): 1110-1122.

FISCHER A S, TERRAY P, GUILYARDI E, et al, 2005. Two independent triggers for the Indian Ocean dipole/zonal mode in a coupled GCM[J]. Journal of Climate, 18(17): 3428-3449.

FRANKLIN B A, BONZHEIM K, GORDON S, et al, 1996. Snow shoveling: a trigger for acute myocardial infarction and sudden coronary death[J]. The American journal of Cardiology, 77(10): 855-858.

FREI A, TEDESCO M, LEE S, et al, 2012. A review of global satellite-derived snow products[J]. Advances in Space Research, 50(8): 1007-1029.

FU Z T, ZHAO Q, QIAO F L, et al, 2000, Response of atmospheric low-frequency wave to oceanic forcing in the tropics[J]. Advances in Atmospheric Sciences, 17(4): 569-575.

GAO X, TANG M, FENG S, 2000. Discussion on the relationship between glacial fluctuation and climate change[J]. Plateau Meteorology, 19(1): 9-16.

GAO Y, CHEN Y, LÜ S, 2004. Numerical simulation of the critical scale of oasis maintenance and development in the arid regions of northwest China[J]. Advances in Atmospheric Sciences, 21(1): 113-124.

GAO Y Q, WANG H J , LI S L, 2013. Influences of the Atlantic Ocean on the summer precipitation of the southeastern Tibetan Plateau[J]. Journal of Geophysical Research: Atmospheres, 118(9): 3534-3544.

GE J, JIA X, LIN H. 2016. The interdecadal change of the leading mode of the winter precipitation over China[J]. Climate Dynamics, 47(7): 2397-2411.

GILL A E, 1980. Some simple solutions for heat - induced tropical circulation[J]. Quarterly Journal of the Royal Meteorological Society, 106(449): 447-462.

GONG Z, FENG G, REN F, et al, 2014. A regional extreme low temperature event and its main atmospheric contributing factors[J]. Theoretical and Applied Climatology, 117(1): 195-206.

GONG Z Q, ZHAO J H, FENG G L, et al, 2015. Dynamic-statistics combined forecast scheme based on the abrupt decadal change component of summer precipitation in East Asia[J]. Science China Earth Sciences, 58(3): 404-419.

GONG Z, FENG G, DOGAR M M, et al, 2018. The possible physical mechanism for the EAP-SR co-action [J]. Climate Dynamics, 51(4): 1499-1516.

GROISMAN P Y, KNIGHT R W, KARL T R, 2001. Heavy precipitation and high streamflow in the contiguous United States: Trends in the twentieth century[J]. Bulletin of the American Meteorological Society, 82(2): 219-246.

GUAN H, VIVONI E R, WILSON J L, 2005. Effects of atmospheric teleconnections on seasonal precipitation in mountainous regions of the southwestern US: A case study in northern New Mexico[J]. Geophysical Research Letters,32(23).

GUAN X, MA J, HUANG J, et al, 2019. Impact of oceans on climate change in drylands[J]. Science China Earth Sciences, 62(6): 891-908.

HAHN D G, SHUKLA J, 1976. An apparent relationship between Eurasian snow cover and Indian monsoon rainfall[J]. Journal of Atmospheric Sciences, 33(12): 2461-2462.

HALKIDES D J, HAN W, LEE T, et al, 2007. Effects of sub-seasonal variability on seasonal-to-interannual Indian Ocean meridional heat transport [J]. Geophysical Research Letters, 34 (12). DOI: 10.1029/2007GL030150.

HOSKINS B J, KAROLY D J, 1981. The steady linear response of a spherical atmosphere to thermal and orographic forcing[J]. Journal of Atmospheric Sciences,38(6): 1179-1196.

HUANG B, THORNE P W, BANZON V F, et al, 2017. Extended reconstructed sea surface temperature, version 5 (ERSSTv5): upgrades, validations, and intercomparisons [J]. Journal of Climate, 30 (20): 8179-8205.

HUANG J, XIE Y, GUAN X, et al, 2017. The dynamics of the warming hiatus over the Northern Hemisphere[J]. Climate Dynamics, 48(1/2): 429-446.

HUFFMAN G J, ADLER R F, ARKIN P, et al, 1997. The global precipitation climatology project(GPCP) combined precipitation dataset[J]. Bulletin of the american meteorological society, 78(1): 5-20.

HU K, XIE S P, HUANG G, 2017. Orographically anchored El Niño effect on summer rainfall in central China[J]. Journal of Climate, 30(24): 10037-10045.

IPCC, 2021. Climate change 2021: the physical science basis [M/OL]. https://www.ipcc.ch/report/ar6/wg1/downloads/report/IPCC_AR6_WGI_Chapter_07.pdf.

JIA X, LIN H, DEROME J, 2009. The influence of tropical Pacific forcing on the Arctic Oscillation[J]. Climate dynamics, 32(4): 495-509.

JIA X, LIN H, 2011. Influence of forced large-scale atmospheric patterns on surface air temperature in China [J]. Monthly Weather Review, 139(3): 830-852.

JIA X, GE J, 2017. Interdecadal changes in the relationship between ENSO, EAWM, and the wintertime precipitation over China at the end of the twentieth century[J]. Journal of Climate, 30(6): 1923-1937.

JIANG X, YANG S, LI Y, et al, 2013. Dominant modes of wintertime upper-tropospheric temperature variations over Asia and links to surface climate[J]. Journal of Climate, 26(22): 9043-9060.

JIANG X, LI Y, YANG S, et al, 2015. Interannual variation of mid-summer heavy rainfall in the eastern edge of the Tibetan Plateau[J]. Climate Dynamics, 45(11): 3091-3102.

JIANG X, TING M, 2017. A dipole pattern of summertime rainfall across the Indian subcontinent and the Tibetan Plateau[J]. Journal of Climate, 30(23): 9607-9620.

JIANG X, ZHANG T, TAM C Y, et al, 2019. Impacts of ENSO and IOD on snow depth over the Tibetan Plateau: roles of convections over the western North Pacific and Indian Ocean[J]. Journal of Geophysical Research: Atmospheres, 124(22): 11961-11975.

KALNAY E, KANAMITSU M, KISTLER R, et al, 1996. The NCEP/NCAR 40-year reanalysis project[J]. Bulletin of the American Meteorological Society, 77(3): 437-472.

KHAIROUTDINOV M F, RANDALL D A, 2001. A cloud resolving model as a cloud parameterization in the NCAR Community Climate System Model: Preliminary results[J]. Geophysical Research Letters, 28(18): 3617-3620.

KIM B M, SON S W, MIN S K, et al, 2014. Weakening of the stratospheric polar vortex by Arctic sea-ice loss[J]. Nature Communications,5: 4646.

KING M P, HELL M, KEENLYSIDE N, 2016. Investigation of the atmospheric mechanisms related to the autumn sea ice and winter circulation link in the Northern Hemisphere[J]. Climate Dynamics, 46(3/4): 1185-1195.

KRIPALANI R H, KULKARNI A, SABADE S S, 2003. Western Himalayan snow cover and Indian monsoon rainfall: A re-examination with INSAT and NCEP/NCAR data[J]. Theoretical and Applied Climatology, 74(1): 1-18.

KRIPALANI R H, KULKARNI A, 1999. Climatology and variability of historical Soviet snow depth data: Some new perspectives in snow-Indian monsoon teleconnections[J]. Climate Dynamics, 15(6): 475-489.

KOSAKA Y, XIE S P, Nakamura H, 2011. Dynamics of interannual variability in summer precipitation over East Asia[J]. Journal of Climate, 24(20): 5435-5453.

LAU K M, KIM M K, KIM K M, 2006. Asian summer monsoon anomalies induced by aerosol direct forcing: the role of the Tibetan Plateau[J]. Climate Dynamics, 26(7/8): 855-864.

LAU W K M, KIM K M, 2017. Competing influences of greenhouse warming and aerosols on Asian summer monsoon circulation and rainfall[J]. Asia-Pacific journal of atmospheric sciences,53(2): 181-194.

LAURENT A, FENNEL K, CAI W J, et al, 2017. Eutrophication-induced acidification of coastal waters in the northern Gulf of Mexico: Insights into origin and processes from a coupled physical-biogeochemical model[J]. Geophysical Research Letters,44(2): 946-956.

LEMKE P, REN J, ALLEY R B, et al, 2007. Observations: changes in snow, ice and frozen ground[J]. 31 (4): 122-134.

LETTENMAIER D P, GAN T Y, 1990. Hydrologic sensitivities of the Sacramento-San Joaquin River basin, California, to global warming[J]. Water Resources Research,26(1): 69-86.

LI C, KANG S, 2006. Review of the studies on climate change since the last inter-glacial period on the Tibetan Plateau[J]. Journal of Geographical Sciences,16(3): 337-345.

LI Z, HE Y, WANG C, et al, 2011. Spatial and temporal trends of temperature and precipitation during 1960-2008 at the henduan moutains, China[J]. Quaternary International, 236(1/2):127-142.

LI J, WU Z, 2012. Importance of autumn Arctic sea ice to northern winter snowfall[J]. Proceedings of the National Academy of Sciences, 109(28): E1898-E1898.

LI J P, SUN C, DING R Q, 2018. Decadal Coupledocean-Atmosphere Interaction in North Atlantic and Globalwarming Hiatus[J]. Global Change and Future Earth: The Geoscience Perspective, 3(23): 131-136.

LI J, ZHENG F, SUN C, et al, 2019. Pathways of influence of the Northern Hemisphere mid-high latitudes on East Asian climate: A review[J]. Advances in Atmospheric Sciences, 36(9): 902-921.

LIOUBIMTSEVA E, COLE R, 2006. Uncertainties of climate change in arid environments of Central Asia [J]. Reviews in Fisheries Science, 14(1/2): 29-49.

LIU Y, WANG L, ZHOU W, et al, 2014. Three Eurasian teleconnection patterns: Spatial structures, temporal variability, and associated winter climate anomalies[J]. Climate dynamics, 42(11/12): 2817-2839.

LIU W, WANG L, CHEN D, et al, 2016. Large-scale circulation classification and its links to observed precipitation in the eastern and central Tibetan Plateau[J]. Climate Dynamics, 46(11): 3481-3497.

LU R Y, OH J H, KIM B J, 2002. A teleconnection pattern in upper-level meridional wind over the North African and Eurasian continent in summer[J]. Tellus A: Dynamic Meteorology and Oceanography, 54(1): 44-55.

MA L, ZHANG T, FRAUENFELD O W, et al, 2009. Evaluation of precipitation from the ERA-40, NCEP-1, and NCEP-2 Reanalyses and CMAP-1, CMAP-2, and GPCP-2 with ground based measurements in China

[J]. Journal of Geophysical Research: Atmospheres,114(D9).

MARKHAM C G, 1970. Seasonality of precipitation in the United States[J]. Annals of the Association of American Geographers, 60(3): 593-597.

MEEHL G A, 1997. The south Asian monsoon and the tropospheric biennial oscillation[J]. Journal of Climate,10(8): 1921-1943.

NORTH G R, BELL T L, CAHALAN R F, et al, 1982. Sampling errors in the estimation of empirical orthogonal funcitons[J]. Mon Wea Rev,110(7):699-706.

PENG D, ZHOU T, 2017. Why was the arid and semiarid northwest China getting wetter in the recent decades? [J]. Journal of Geophysical Research: Atmospheres, 122(17): 9060-9075.

QIAN Y F, ZHENG Y Q, ZHANG Y, et al, 2003. Responses of China's summer monsoon climate to snow anomaly over the Tibetan Plateau [J]. Int J Climatol, 23(6): 593-613. doi:10.1002/joc.901.

QIAN W,LU B,LIANG H, 2011. Changes in fossil-fuel carbon emissions in response to interannual and interdecadal temperature variability[J]. Chin Sci Bull, 56: 319-324. doi:10.1007/s11434-010-4279-9.

QIN J, YANG K, LIANG S, et al, 2009. The altitudinal dependence of recent rapid warming over the Tibetan PLATEAU[J]. CLIMATIC CHANGE, 97(1): 321-327.

QIN N, CHEN X, FU G, et al, 2010. Precipitation and temperature trends for the Southwest China: 1960-2007[J]. Hydrological Processes, 24(25): 3733-3744.

QIN Z J, HOU S G, WANG Y T, et al, 2017. Spatio-temporal variability of winter snow cover over the Tibetan Plateau and its relation to Arctic Oscillation[J]. Geograph Res, 36(4): 743-754.

RANGWALA I, MILLER J R, 2012. Climate change in mountains: a review of elevation-dependent warming and its possible causes[J]. Climatic Change, 114(3): 527-547.

REYNOLDS R W, 1988. A real-time global sea surface temperature analysis[J]. Journal of Climate, 1(1): 75-87.

SAJI N H, GOSWAMI B N, VINAYACHANDRAN P N, et al, 1999. A dipole mode in the tropical Indian Ocean[J]. Nature, 401(6751): 360-363.

SAMPE T, XIE S P, 2010. Large-scale dynamics of the meiyu-baiu rainband: Environmental forcing by the westerly jet[J]. Journal of Climate, 23(1): 113-134.

SARDESHMUKH P D, HOSKINS B J, 1988. The generation of global rotational flow by steady idealized tropical divergence[J]. Journal of the Atmospheric Sciences, 45(7): 1228-1251.

SCHIEMANN R, LÜTHI D, SCHÄR C, 2009. Seasonality and interannual variability of the westerly jet in the Tibetan Plateau region[J]. Journal of Climate, 22(11): 2940-2957.

SCHMITZ J T, MULLEN S L, 1996. Water vapor transport associated with the summertime North American monsoon as depicted by ECMWF analyses[J]. Journal of Climate, 9(7): 1621-1634.

SCOTT J D, 2016. The climate change web portal a system to access and display climate and earth system model output from the CMIP5 Archive[J]. Bulletin of the American Meteorological Society, 30(2): 192-210.

SEAGER R, KUSHNIR Y, NAKAMURA J, et al, 2010, Northern Hemisphere winter snow anomalies: ENSO, NAO and the winter of 2009/10[J]. Geophysical Research Letters,37(14):1-6.

SHAMAN J, TZIPERMAN E, 2005. The effect of ENSO on Tibetan Plateau snow depth: A stationary wave teleconnection mechanism and implications for the South Asian monsoons[J]. Journal of Climate, 18(12): 2067-2079.

SHEN C, WANG W C, ZENG G, 2011. Decadal variability in snow cover over the Tibetan Plateau during the last two centuries[J]. Geophysical Research Letters, 38(10).

SHEN Y, XIONG A, 2016. Validation and comparison of a new gauge-based precipitation analysis over mainland China[J]. International Journal of Climatology, 36(1): 252-265.

SHEN H, ZHAO J, CHEUNG K Y, et al, 2021. Causes of the extreme snowfall anomaly over the northeast Tibetan plateau in early winter 2018[J]. Climate Dynamics, 56(5): 1767-1782.

SIMMONS A J, BURRIDGE D M, 1981. An energy and angular-momentum conserving vertical finite-difference scheme and hybrid vertical coordinates[J]. Monthly Weather Review, 109(4): 758-766.

SONG C, KE L, RICHARDS K S, et al, 2016. Homogenization of surface temperature data in High Mountain Asia through comparison of reanalysis data and station observations[J]. International Journal of Climatology, 36(3): 1088-1101.

SON H Y, PARK J Y, KUG J S, et al, 2014. Winter precipitation variability over Korean Peninsula associated with ENSO[J]. Climate Dynamics: Observational, Theoretical and Computational Research on the Climate System, 22(6): 396-407.

SPENCER R W, 1993. Global oceanic precipitation from the MSU during 1979—91 and comparisons to other climatologies[J]. Journal of Climate, 6(7): 1301-1326.

SUN J, WANG H, YUAN W, et al, 2010. Spatial-temporal features of intense snowfall events in China and their possible change[J]. Journal of Geophysical Research: Atmospheres, 115(D16).

SUNG M K, LIM G H, KWON W T, et al, 2009. Short - term variation of Eurasian pattern and its relation to winter weather over East Asia[J]. International Journal of Climatology: A Journal of the Royal Meteorological Society, 29(5): 771-775.

TAKAYA K,NAKAMURA H, 1997. A formulation of a wave-activity flux for stationary Rossby waves on a zonally varying basic flow[J]. Geophys Res Lett, 24(23): 2985-2988. doi: 10.1029/97GL03094.

TAKAYA K, NAKAMURA H, 2013. Interannual variability of the East Asian winter monsoon and related modulations of the planetary waves[J]. Journal of Climate, 26(23): 9445-9461.

TAKAYA K, NAKAMURA H, 2001. A formulation of a phase-independent wave-activity flux for stationary and migratory quasigeostrophic eddies on a zonally varying basic flow[J]. Journal of Atmospheric Sciences, 58(6): 608-627.

TAN P, 2015. The Research on Preparation of Binding Material and Concrete with Desulphurization Gypsum [C]Applied Mechanics and Materials Trans Tech Publications Ltd, 697: 17-20.

TONG K, SU F, YANG D, et al, 2014. Tibetan Plateau precipitation as depicted by gauge observations, reanalyses and satellite retrievals[J]. International Journal of Climatology, 34(2): 265-285.

WALKER S G T, 1910. On the meteorological evidence for supposed changes of climate in India[M]. General Government Branch Press.

WALKER G T,1910. On the Meteorological Evidence for supposed changes of climate in India[J]. Ind Met Memo, 21: 1-21.

WALLACE J M, GUTZLER D S, 1981. Teleconnections in the geopotential height field during the Northern Hemisphere winter[J]. Monthly Weather Review, 109(4): 784-812.

WANG B, WU R, FU X, 2000. Pacific-East Asian teleconnection: how does ENSO affect East Asian climate [J]. Journal of Climate, 13(9): 1517-1536.

WANG B, ZHANG Q, 2002. Pacific-east Asian teleconnection. Part II: How the Philippine Sea anomalous anticyclone is established during El Nino development[J]. Journal of Climate,15(22): 3252-3265.

WANG L, CHEN W, 2010a. How well do existing indices measure the strength of the East Asian winter monsoon[J]? Advances in Atmospheric Sciences, 27(4): 855-870.

WANG L, CHEN W, ZHOU W, et al, 2010b. Effect of the climate shift around mid 1970s on the relationship between wintertime Ural blocking circulation and East Asian climate[J]. International Journal of Climatology: A Journal of the Royal Meteorological Society, 30(1): 153-158.

WANG A, ZENG X, 2012. Evaluation of multireanalysis products with in situ observations over the Tibetan Plateau[J]. Journal of Geophysical Research: Atmospheres, 117(D5).

WANG L, CHEN W, 2014a. An intensity index for the East Asian winter monsoon[J]. Journal of Climate, 27(6): 2361-2374.

WANG L, CHEN W, 2014b. The East Asian winter monsoon: Re-amplification in the mid-2000s[J]. Chinese Science Bulletin, 59(4): 430-436.

WANG Y J, QIN D H, 2017a. Influence of climate change and human activity on water resources in arid region of Northwest China: An overview[J]. Advances in Climate Change Research, 8(4): 268-278.

WANG L, XU P, CHEN W, et al, 2017b. Interdecadal variations of the Silk Road pattern[J]. Journal of Climate, 30(24): 9915-9932.

WANG L, HUANG G, CHEN W, et al, 2018a. Wet-to-dry shift over southwest china in 1994 tied to the warming of tropical warm pool[J]. Climate Dynamics, 51(7-8):3111-3123.

WANG Y, XU X, 2018b. Impact of ENSO on the thermal condition over the Tibetan Plateau[J]. Journal of the Meteorological Society of Japan. Ser. II.

WANG X, PANG G, YANG M, 2018c. Precipitation over the Tibetan Plateau during recent decades: a review based on observations and simulations[J]. International Journal of Climatology, 38(3): 1116-1131.

WATANABE M, JIN F F, KIMOTO M, 2002. Tropical Axisymmetric Mode of Variability in the Atmospheric Circulation: Dynamics as a Neutral Mode[J]. Journal of Climate, 15(13):1537-1554.

WEBSTER P J, MAGANA V O, PALMER T N, et al, 1998. Monsoons: Processes, predictability, and the prospects for prediction[J]. Journal of Geophysical Research: Oceans, 103(C7): 14451-14510.

WEN M, YANG S, KUMAR A, et al, 2009. An analysis of the large-scale climate anomalies associated with the snowstorms affecting China in January 2008[J]. Monthly Weather Review, 137(3): 1111-1131.

WU Z, LI J, WANG B, et al, 2009. Can the Southern Hemisphere annular mode affect China winter monsoon [J]. Journal of Geophysical Research: Atmospheres, 114(D11).

WU Z, LI J, JIANG Z, et al, 2011. Predictable climate dynamics of abnormal East Asian winter monsoon: once-in-a-century snowstorms in 2007/2008 winter[J]. Climate Dynamics, 37(7): 1661-1669.

WU Z, LI J, JIANG Z, et al, 2012. Modulation of the Tibetan Plateau snow cover on the ENSO teleconnections: From the East Asian summer monsoon perspective[J]. Journal of Climate, 25(7): 2481-2489.

WU B, ZHOU T, LI T, 2017. Atmospheric dynamic and thermodynamic processes driving the western North Pacific anomalous anticyclone during El Niño. Part I: Maintenance mechanisms[J]. Journal of Climate, 30 (23): 9621-9635.

XIE P, ARKIN P A, 1997. Global precipitation: A 17-year monthly analysis based on gauge observations, satellite estimates, and numerical model outputs[J]. Bulletin of the American Meteorological Society, 78 (11): 2539-2558.

XIE S P, HU K, HAFNER J, et al, 2009. Indian Ocean capacitor effect on Indo-western Pacific climate during the summer following El Niño[J]. Journal of Climate, 22(3): 730-747.

XU X D, TAO S Y, WANG J Z, et al, 2002. The relationship between water vapor transport features of Tibetan Plateau-monsoon "large triangle" affecting region and drought-flood abnormality of China[J]. Acta Meteorologica Sinica, 60(3): 257-266.

XU H, LI J, FENG J, 2012. The Asymmetry Relationship between the Winter NAO and Precipitation in Southwest China[C]. EGU General Assembly Conference Abstracts: 1546.

XU W, MA L, MA M, et al, 2017. Spatial-temporal variability of snow cover and depth in the Qinghai-Tibetan Plateau[J]. Journal of Climate, 30(4): 1521-1533.

YAMAGATA T, BEHERA S K, LUO J J, et al, 2004. Coupled ocean-atmosphere variability in the tropical Indian Ocean[J]. Earth's Climate: The Ocean-Atmosphere Interaction, Geophys. Monogr, 147: 189-212.

YANG S, 1996. ENSO-snow-monsoon associations and seasonal-interannual predictions[J]. International Journal of Climatology: A Journal of the Royal Meteorological Society, 16(2): 125-134.

YANG J, LIU Q, LIU Z, 2010. Linking observations of the Asian monsoon to the indian ocean sst: Possible roles of indian ocean basin mode and dipole mode[J]. Journal of Climate, 23(21):5889-5902.

YANG K, WU H, QIN J, et al, 2014. Recent climate changes over the teibetan and their impacts on energy and water cycle: A review [J]. Global and Planetary Change, 112:79-91.

YAO J, ZHAO L, DING Y, et al,2008. The surface energy budget and evapotranspiration in the Tanggula region on the Tibetan Plateau[J]. Cold Regions Science and Technology, 52(3): 326-340.

YIN Y, WU S, ZHAO D, 2013. Past and future spatiotemporal changes in evapotranspiration and effective moisture on the Tibetan Plateau[J]. Journal of Geophysical Research: Atmospheres, 118(19): 10850-10860.

YIN X, ZHOU L T, 2018. Dominant modes of wintertime precipitation variability in northwest China and the association with circulation anomalies and sea surface temperature[J]. International Journal of Climatology, 38(13): 4860-4874.

YOU Q, FRAEDRICH K, REN G, et al, 2012. Inconsistencies of precipitation in the eastern and central Tibetan Plateau between surface adjusted data and reanalysis[J]. Theoretical and Applied Climatology,109(3): 485-496.

YOU Q, MIN J, ZHANG W, et al, 2015. Comparison of multiple datasets with gridded precipitation observations over the Tibetan Plateau[J]. Climate Dynamics, 45(3): 791-806.

YUAN C, TOZUKA T, MIYASAKA T, et al, 2009. Respective influences of IOD and ENSO on the Tibetan snow cover in early winter[J]. Climate Dynamics, 33(4): 509.

YUAN C, TOZUKA T, YAMAGATA T, 2012. IOD influence on the early winter Tibetan Plateau snow cover: diagnostic analyses and an AGCM simulation[J]. Climate dynamics, 39(7/8): 1643-1660.

YUAN C, TOZUKA T, LUO J J, et al, 2014. Predictability of the subtropical dipole modes in a coupled ocean-atmosphere model[J]. Climate Dynamics, 42(5/6): 1291-1308.

ZHANG S, YU T, LI F, et al, 1985. The seasonal variations of area and intensity of polar vortex in northern hemisphere and relationship with temperature in Northeast China[J]. Chinese Journal of Atmospheric Sciences, 2(6): 178-185.

ZHANG R, SUMI A, KIMOTO M, 1996. Impact of El Niño on the East Asian monsoon a diagnostic study of the '86/87 and '91/92 events[J]. Journal of the Meteorological Society of Japan, Ser II, 74(1): 49-62.

ZHANG L J, QIAN Y F, 2004, A Study on the Feature of Precipitation Concentration and Its Relation to Flood-Producing in the Yangtze River Valley of China[J]. Chinese Journal of Geophysics, 47(4): 709-718.

ZHANG D, HUANG J, GUAN X, et al, 2013. Long-term trends of precipitable water and precipitation over the Tibetan Plateau derived from satellite and surface measurements[J]. Journal of Quantitative Spectroscopy and Radiative Transfer, 122: 64-71.

ZHANG Y, ZHOU W, LEUNG M Y T, 2019a. Phase relationship between summer and winter monsoons over the South China Sea: Indian Ocean and ENSO forcing[J]. Climate Dynamics,52(9): 5229-5248.

ZHANG Y, ZHOU W, CHOW E C H, et al, 2019b. Delayed impacts of the IOD: cross-seasonal relationships between the IOD, Tibetan Plateau snow, and summer precipitation over the Yangtze-Huaihe River region[J]. Climate Dynamics, 53(7): 4077-4093.

ZHAO T, FU C, 2006. Comparison of products from ERA-40, NCEP-2, and CRU with station data for summer precipitation over China[J]. Advances in Atmospheric sciences, 23(4): 593-604.

ZHOU W, LI C, WANG X, 2007. Possible connection between Pacific oceanic interdecadal pathway and East Asian winter monsoon[J]. Geophysical Research Letters, 34(1):L01701. doi:10.1029/2006GL027809.

ZHOU W, CHAN J C L, CHEN W, et al, 2009. Synoptic-scale controls of persistent low temperature and icy weather over southern China in January 2008[J]. Monthly Weather Review,137(11): 3978-3991.

ZHOU L T, WU R, 2010. Respective impacts of the East Asian winter monsoon and ENSO on winter rainfall in China[J]. Journal of Geophysical Research: Atmospheres, 115(D2).

ZHOU B, GU L, DING Y, et al, 2011. The great 2008 Chinese ice storm: Its socioeconomic-ecological impact and sustainability lessons learned[J]. Bulletin of the American meteorological Society, 92(1): 47-60.

ZHOU B, WANG Z, SHI Y, 2017. Possible role of Hadley circulation strengthening in interdecadal intensification of snowfalls over northeastern China under climate change[J]. Journal of Geophysical Research: Atmospheres, 122(21): 11,638-11,650.

ZHOU B, WANG Z, SHI Y, et al, 2018. Historical and future changes of snowfall events in China under a warming background[J]. Journal of Climate,31(15): 5873-5889.

ZHU X, WEI Z, DONG W, et al, 2018. Possible influence of Asian polar vertex contraction on rainfall deficits in China in autumn[J]. Dynamics of Atmospheres and Oceans, 82: 64-75.

ZUO J, LI W, SUN C, et al, 2013. Impact of the North Atlantic sea surface temperature tripole on the East Asian summer monsoon[J]. Advances in Atmospheric Sciences, 30(4): 1173-1186.